高等职业教育机电类专业"十三五"规划教材

电子技术基础实践教程

周福平　陈祖新　主　编

游家发　汪　洋　副主编

杨玲玲　万　文　付厚奎　朱士凯　参　编

何　琼　主　审

U0310534

中国铁道出版社有限公司

CHINA RAILWAY PUBLISHING HOUSE CO., LTD.

内 容 简 介

本书是针对高等职业教育机电类专业编写的一本实践性教材,全书分为上下两篇。上篇(基础实验)内容涵盖了电工基础、模拟电子技术、数字电子技术三个知识模块的实验,每个模块筛选了五六个典型任务。下篇(综合实训)分三个模块:基础技能实训模块以电类从业人员的最基本的元器件识别能力、焊接能力为训练目标,以组装万用表来检验;综合技能实训模块分别涉及模拟电子、数字电子、SMT(表面安装技术)工艺的六个任务,全部任务都经过实践验证;电路仿真实训模块以 Multisim 作为 EDA(电子设计自动化)工具,内容上循序渐进,由简到繁,包含了器件特性、单元电路、整机产品的仿真,知识上涵盖了模拟电子与数字电子范畴。

本书适合作为高等职业院校机电类专业学生学习电工基础、模拟电子技术、数字电子技术等电子基础课程及实践课程的实验、实训教材,也可供电子制造企业职工技能培训,以及电子从业人员、广大电子爱好者参考使用。

图书在版编目(CIP)数据

电子技术基础实践教程/周福平,陈祖新主编 . —北京:
中国铁道出版社,2018. 9(2024.12重印)
高等职业教育机电类专业"十三五"规划教材
ISBN 978-7-113-24601-3

Ⅰ. ①电… Ⅱ. ①周… ②陈… Ⅲ. ①电子技术-高等
职业教育-教材 Ⅳ. ①TN

中国版本图书馆 CIP 数据核字(2018)第 193930 号

书　　名:	电子技术基础实践教程
作　　者:	周福平　陈祖新

策　　划:	何红艳	编辑部电话:　(010) 63560043
责任编辑:	何红艳　绳　超	
封面设计:	付　巍	
封面制作:	刘　颖	
责任校对:	张玉华	
责任印制:	赵星辰	

出版发行:中国铁道出版社有限公司(100054,北京市西城区右安门西街 8 号)
网　　址:https://www.tdpress.com/51eds
印　　刷:三河市宏盛印务有限公司
版　　次:2018 年 9 月第 1 版　2024 年 12 月第 4 次印刷
开　　本:787 mm×1 092 mm　1/16　印张:10.5　字数:249 千
书　　号:ISBN 978-7-113-24601-3
定　　价:29.00 元

　　"电子技术基础实践教程"是针对高等职业教育机电类专业编写的一本实践性教材，全书分为上下两篇。

　　上篇（基础实验）内容涵盖了电工基础、模拟电子技术、数字电子技术三个知识模块的实验。依据人才培养的特点并结合编写人员多年的教学实践，每个模块筛选了五六个典型任务，旨在通过实验验证，加深学生对课堂知识的理解和融会贯通，并提高其基本的实践操作能力、结果数据分析能力以及仪器仪表的使用技能。

　　下篇（综合实训）结合当前学校的教学设备水平与教学实践现状，以实际项目和产品为载体，以训练学生就业预期岗位的必备基本技能和发展潜能为目标，突出高职技术技能型人才培养的特点。下篇共分三个模块：基础技能实训模块以电类从业人员的最基本的元器件识别能力、焊接能力为训练目标，以组装万用表来检验；综合技能实训模块与上篇知识内容相呼应，设计的任务融合了模拟电子、数字电子、SMT（表面安装技术）工艺的内容，全部任务都经过实践验证；电路仿真实训模块以 Multisim 作为 EDA（电子设计自动化）工具，内容上循序渐进，由简到繁，包含了器件特性、单元电路、整机产品的仿真，知识上涵盖了模拟电子与数字电子范畴。

　　本书由周福平、陈祖新任主编，游家发、汪洋任副主编，杨玲玲、万文、付厚奎、朱士凯参与了编写。其中，模块 1 和模块 2 由陈祖新编写，模块 4 和模块 5 由周福平编写，模块 6 中的模拟电路仿真任务（任务 6.1~任务 6.3）由汪洋编写，模块 6 的数字电路仿真任务（任务 6.4 和任务 6.5）由游家发编写，模块 3 由游家发、汪洋、杨玲玲、万文、付厚奎各编写一个任务。武汉华扬精创科技有限公司朱士凯总经理提供了部分实训任务资料及耗材并参与实践验证工作，张继斌制作了部分配套资源。

　　本书由何琼主审，她对本书提出了很多具体而宝贵的意见，在此表示诚挚的感谢。

　　读者可扫描书中的二维码观看微课内容。

　　由于编者水平有限，书中疏漏和不当之处在所难免，敬请广大读者批评指正。

编　者

2018 年 8 月

CONTENTS | # 目 录

上篇 基础实验

下篇 综合实训

基 础 实 验

  本篇内容涵盖了电工基础、模拟电子技术、数字电子技术三个知识模块的实验，每个模块筛选了五六个典型任务，旨在通过实验验证，加深学生对课堂知识的理解和融会贯通，并提高其基本的实践操控能力、结果数据分析能力以及仪器仪表的使用技能。

模块①电工基础实验

电工基础实验安排在电子技术基础相关课程学习过程中,与理论课程穿插进行。通过实验验证,加深课堂知识的理解并融会贯通,有利于将课堂知识运用到实际项目中。本模块包括6个相互独立的任务,其中任务1.1"元器件的伏安特性测试"通过伏安法测试电路元件特性,体验最基本的实验流程,学习实验数据记录与分析处理,并熟悉常见电工仪表的使用,为后续实验任务打下基础。任务1.2"验证基尔霍夫定律与叠加原理"、任务1.3"电压源与电流源的等效变换"、任务1.4"验证戴维南定理"是三个最基本的电路定律验证实验。任务1.5"三相交流电路电压、电流的测量"、任务1.6"三相异步电动机的控制电路"是三相电路的测量与运用。

任务 1.1　元器件的伏安特性测试

一、实验目的

(1)学会用伏安法测试电路元件的方法。
(2)掌握线性电阻、非线性电阻元件伏安特性曲线的绘制方法。
(3)熟悉电工实验台上直流电工仪表和设备的操作方法。

二、实验器材

(1)电工实验台:可调直流稳压电源、直流数字毫安表、直流数字电压表。
(2)被测试元器件:线性电阻、白炽灯、二极管、稳压二极管及导线若干。

三、实验原理

任何一个二端元件的特性可用该元件上的端电压 U 与通过该元件的电流 I 之间的函数关系 $I=f(U)$ 来表示,即用 I–U 平面上的一条曲线来表征,这条曲线称为该元件的伏安特性曲线。

(1)线性电阻的伏安特性曲线是一条通过坐标原点的直线,如图1–1中直线 a 所示,该直线的斜率等于该电阻的电阻值(简称"阻值")。

(2)一般的白炽灯在工作时灯丝处于高温状态,其灯丝电阻随着温度的升高而增大,通过白炽灯的电流越大,其温度越高,阻值也越大,一般灯泡的"冷电阻"与"热电阻"的阻值可相差几倍至十几倍,所以它的伏安特性如图1–1中曲线 b

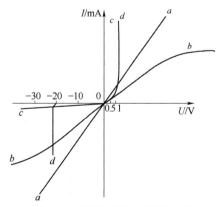

图1–1　元器件的伏安特性曲线

所示。

（3）一般的半导体二极管是一个非线性电阻元件，其伏安特性如图 1-1 中曲线 c 所示。正向压降很小（一般的锗管为 0.2~0.3 V，硅管为 0.5~0.7 V），正向电流随正向压降的升高而急剧上升，而反向电压从零一直增加到十至几十伏时，其反向电流增加很小，粗略地可视为零。可见，二极管具有单向导电性，但反向电压加得过高，超过二极管的极限值，则会导致二极管击穿损坏。

（4）稳压二极管是一种特殊的半导体二极管，其正向特性与普通二极管类似，但其反向特性较特别，如图 1-1 中曲线 d 所示。在反向电压开始增加时，其反向电流几乎为零，但当电压增加到某一数值时（称为稳压二极管的稳压值）电流将突然增加，以后它的端电压将基本维持恒定，当外加的反向电压继续升高时其端电压仅有少量增加。

注意：流过二极管或稳压二极管的电流不能超过二极管的极限值，否则二极管会被烧坏。

四、实验内容与步骤

1. 测定线性电阻的伏安特性

按图 1-2 接线，调节稳压电源的输出电压 U，从 0 V 开始缓慢地增加，一直到 10 V，记录相应的电压表和电流表的读数 U_R、I，并将实验数据填入表 1-1 中。

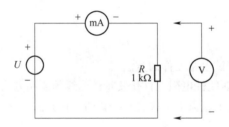

图 1-2　电阻测定电路

表 1-1　测定线性电阻

U_R/V	0	2	4	6	8	10
I/mA						

2. 测定非线性白炽灯的伏安特性

将图 1-2 中的 R 换成一只 12 V，0.1 A 的灯泡，重复实验内容 1（U_L 为灯泡的端电压），将实验数据填入表 1-2 中。

表 1-2　测定非线性电阻

U_L/V	0.1	0.5	1	2	3	4	5
I/mA							

3. 测定半导体二极管的伏安特性

按图 1-3 接线，R 为限流电阻。测二极管的正向特性时，其正向电流不得超过 35 mA，二极管 D 的正向施压 U_{D+} 可在 0~0.75 V 取值，将实验数据填入表 1-3 中。在 0.5~0.75 V 应多取几个测量点。测反向特性时，只需将图 1-3 中的二极管 D 反接，且其反向施压 U_{D-} 可达 30 V，将实验数据填入表 1-4 中。

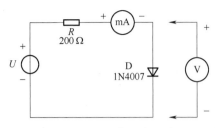

图 1-3　二极管测定电路

表 1-3　二极管正向特性实验数据

U_{D+}/V	0.10	0.30	0.50	0.55	0.60	0.65	0.70	0.75
I/mA								

表 1-4　二极管反向特性实验数据

U_{D-}/V	0	-5	-10	-15	-20	-25	-30
I/mA							

4. 测定稳压二极管的伏安特性

（1）正向特性实验：将图 1-3 中的二极管换成稳压二极管 2CW51，重复实验内容 3 中的正向测量（U_{Z+} 为 2CW51 的正向施压），将实验数据填入表 1-5 中。

表 1-5　测定稳压二极管正向特性实验数据

U_{Z+}/V							
I/mA							

（2）反向特性实验：将图 1-3 中的 R 换成 1 kΩ，2CW51 反接，测量 2CW51 的反向特性。稳压电源的输出电压 U_0 为 0～20 V，测量 2CW51 两端的电压 U_{Z-} 及电流 I，将实验数据填入表 1-6 中（注意 U_{Z-} 的变化范围）。

表 1-6　测定稳压二极管反向特性实验数据

U_0/V							
U_{Z-}/V							
I/mA							

五、实验注意事项

（1）测二极管正向特性时，稳压电源输出应由小至大逐渐增加，应时刻注意电流表读数不得超过 35 mA。

（2）如果要测定 2AP9 的伏安特性，则正向特性的电压值应取 0 V，0.10 V，0.13 V，0.15 V，0.17 V，0.19 V，0.21 V，0.24 V，0.30 V，反向特性的电压值应取 0 V，2 V，4 V，…，10 V。

（3）进行不同实验时，应先估算电压和电流值，合理选择仪表的量程，勿使仪表超量程，仪表的极性亦不可接错。

六、实验思考题

（1）线性电阻与非线性电阻的概念是什么？电阻与二极管的伏安特性有何区别？

（2）设某器件伏安特性曲线的函数式为 $I = f(U)$ ，试问在逐点绘制曲线时，其坐标变量应如何放置？

（3）稳压二极管与普通二极管有何区别，其用途如何？

（4）在图 1-3 中，设 $U = 2\ \text{V}$，$U_{D+} = 0.7\ \text{V}$，则毫安表读数为多少？

七、实验报告要求

（1）根据各实验数据，分别在方格纸上绘制出光滑的伏安特性曲线。（其中二极管和稳压二极管的正、反向特性均要求画在同一张图中，正、反向电压可取为不同的比例尺。）

（2）根据实验结果，总结、归纳被测各元件的特性。

（3）必要的误差分析。

（4）心得体会及其他。

任务 1.2　验证基尔霍夫定律与叠加原理

一、实验目的

（1）验证基尔霍夫定律的正确性，加深对基尔霍夫定律的理解。

（2）验证线性电路叠加原理的正确性，加深对线性电路的叠加性和齐次性的认识和理解。

（3）学会用电流插头、插座测量各支路电流。

二、实验器材

（1）可调直流稳压电源、直流数字毫安表、直流数字电压表。

（2）"基尔霍夫定律/叠加原理"实验电路板。

三、实验原理

（1）基尔霍夫定律是电路的基本定律。测量某电路的各支路电流及每个元件两端的电压，应能分别满足基尔霍夫电流定律（KCL）和基尔霍夫电压定律（KVL），即对电路中的任一个节点而言，应有 $\sum I = 0$；对任何一个闭合回路而言，应有 $\sum U = 0$。

运用上述定律时必须注意各支路或闭合回路中电流的正方向，此方向可预先任意设定。

（2）叠加原理指出：在有多个独立源共同作用下的线性电路中，通过每一个元件的电流或其两端的电压，可以看成是由每一个独立源单独作用时在该元件上所产生的电流或电压的代数和。

（3）线性电路的齐次性是指当激励信号（某独立源的值）增加至原来的 K 倍或缩小至原来的 $1/K$ 时，电路的响应（即在电路中各电阻元件上所建立的电流和电压值）也将增加至原来的 K 倍或缩小至原来的 $1/K$。

四、实验内容与步骤

1. 验证基尔霍夫定律

利用 DGJ-03 实验挂箱上的"基尔霍夫定律/叠加原理"线路,按图 1-4 接线。

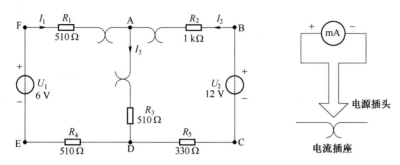

图 1-4　验证基尔霍夫定律电路及电流插座原理图

（1）实验前先任意设定三条支路和三个闭合回路的电流正方向。图 1-4 中的 I_1、I_2、I_3 的方向已设定。三个闭合回路的电流正方向可设为 ADEFA、BADCB 和 FBCEF。

（2）分别将两路直流稳压电源接入电路,令 $U_1 = 6$ V,$U_2 = 12$ V。

（3）熟悉电流插头的结构,将电流插头的两端接至数字毫安表的"+、−"两端。

（4）将电流插头分别插入三条支路的三个电流插座中,读出并记录电流值。

（5）用直流数字电压表分别测量两路电源及电阻元件上的电压值,将数据填入表 1-7中。

表 1-7　验证基尔霍夫定律

被测量	I_1/mA	I_2/mA	I_3/mA	U_1/V	U_2/V	U_{FA}/V	U_{AB}/V	U_{AD}/V	U_{CD}/V	U_{DE}/V
计算值										
测量值										
相对误差										

2. 验证叠加原理

验证叠加原理电路如图 1-5 所示,用 DGJ-03 实验挂箱的"基尔夫定律/叠加原理"线路。

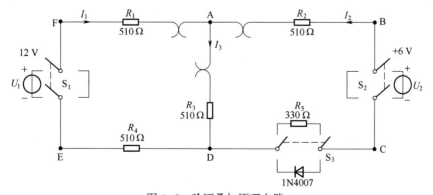

图 1-5　验证叠加原理电路

（1）将两路稳压源的输出分别调节为 12 V 和 6 V，接入 U_1 和 U_2 处。S_3 掷向 R_5(330 Ω)。

（2）令 U_1 电源单独作用（将开关 S_1 掷向 U_1 侧，开关 S_2 掷向短路侧）。用直流数字电压表和毫安表（接电流插头）测量各支路电流及各电阻元件两端的电压，将数据记入表 1-8 中。

表 1-8　验证叠加原理(S_3 掷向 R_5)

实验内容	测量项目									
	U_1/V	U_2/V	I_1/mA	I_2/mA	I_3/mA	U_{AB}/V	U_{CD}/V	U_{AD}/V	U_{DE}/V	U_{FA}/V
U_1 单独作用										
U_2 单独作用										
U_1、U_2 共同作用										

（3）令 U_2 电源单独作用（将开关 S_1 掷向短路侧，开关 S_2 掷向 U_2 侧），重复上述（2）的测量和记录，将数据记入表 1-8 中。

（4）令 U_1 和 U_2 共同作用（将开关 S_1 和 S_2 分别掷向 U_1 和 U_2 侧），重复上述（2）的测量和记录，将数据记入表 1-8 中。

（5）将 R_5(330 Ω) 换成二极管 1N4007（将开关 S_3 掷向二极管 1N4007 侧），重复（1）~（4）的测量过程，将数据记入表 1-9 中。

表 1-9　验证叠加原理(S_3 掷向二极管 1N4007 侧)

实验内容	测量项目									
	U_1/V	U_2/V	I_1/mA	I_2/mA	I_3/mA	U_{AB}/V	U_{CD}/V	U_{AD}/V	U_{DE}/V	U_{FA}/V
U_1 单独作用										
U_2 单独作用										
U_1、U_2 共同作用										

五、实验注意事项

（1）注意电流插座测量电流的正确使用。

（2）所有需要测量的电压值，均以电压表测量的读数为准。U_1、U_2 也需测量，不应取电源本身的显示值。

（3）防止稳压电源两个输出端碰线短路。

（4）用指针式电压表或电流表测量电压或电流时，如果仪表指针反偏，则必须调换仪表极性，重新测量。此时指针正偏，可读得电压或电流值。若用数显电压表或电流表测量，则可直接读出电压或电流值。但应注意，所读得的电压或电流值的正确正、负号应根据设定的电流参考方向来判断。

六、实验思考题

（1）根据图 1-4 的电路参数，计算出待测的电流 I_1、I_2、I_3 和各电阻上的电压值，记入表 1-7 中，以便实验测量时，可正确地选定毫安表和电压表的量程。

（2）实验中，若用指针式万用表直流毫安挡测各支路电流，在什么情况下可能出现指针反偏，应如何处理？在记录数据时应注意什么？若用直流数字毫安表进行测量时，则会有什么显示？

（3）在叠加原理实验中，要令 U_1、U_2 分别单独作用，应如何操作？可否直接将不作用的电源（U_1 或 U_2）短接置零？

（4）实验电路中，若有一个电阻改为二极管，试问叠加原理的叠加性与齐次性还成立吗？为什么？

七、实验报告要求

（1）根据实验数据，选定节点 A（见图 1-4），验证 KCL 的正确性。

（2）根据实验数据，选定实验电路中的任一个闭合回路，验证 KVL 的正确性。

（3）根据实验数据表格，进行分析、比较，归纳、总结实验结论，即验证线性电路的叠加性与齐次性。

（4）误差原因分析。

（5）心得体会及其他。

任务1.3　电压源与电流源的等效变换

一、实验目的

（1）掌握电源外特性的测试方法。

（2）验证电压源与电流源等效变换的条件。

二、实验器材

（1）可调直流稳压电源。

（2）可调直流恒流源。

（3）直流数字电压表。

（4）直流数字毫安表。

（5）电阻（51 Ω，200 Ω，1 kΩ）。

（6）可调电阻箱。

三、实验原理

（1）一个直流稳压电源在一定的电流范围内，具有很小的内阻。故在使用中，常将它视为一个理想的电压源，即其输出电压不随负载电流而变。其外特性曲线，即其伏安特性曲线 $U=f(I)$ 是一条平行于 I 轴的直线。一个实用中的恒流源在一定的电压范围内，可视为一个理想的电流源。

（2）一个实际的电压源（或电流源），其端电压（或输出电流）不可能不随负载而变，因它具有一定的内阻值，故在实验中，可用一个小阻值的电阻（或大电阻）与稳压源（或恒流源）相串联（或并联）来模拟一个实际的电压源（或电流源）。

（3）一个实际的电源，就其外部特性而言，既可以看成是一个电压源，也可以看成是一个电流源。若视为电压源，则可用一个理想的电压源 U_S 与一个电阻 R_0 相串联的组合来表示；若视为电流源，则可用一个理想电流源 I_S 与一电导 g_0 相并联的组合来表示。如果这两种电源能向同样大小的负载供出同样大小的电流和端电压，则称这两个电源是等效的，即具有相同的外特性。

一个电压源与一个电流源等效变换的条件为：$I_S = U_S/R_0$，$g_0 = 1/R_0$ 或 $U_S = I_S R_0$，$R_0 = 1/g_0$，如图 1-6 所示。

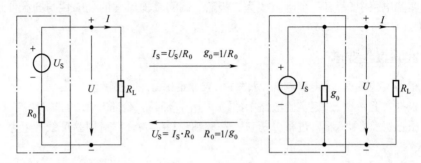

图 1-6　电压源与电流源等效变换电路

四、实验内容与步骤

1. 测定直流稳压电源与实际电压源的外特性

（1）按图 1-7 接线。U_S 为 +6 V 直流稳压电源。调节 R_2，令其阻值由大至小变化，记录两表的读数，填入表 1-10 中。

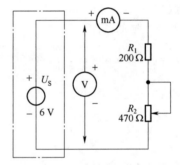

图 1-7　测定直流稳压电源的外特性

表 1-10　测定直流稳压电源

U/V								
I/mA								

（2）按图 1-8 接线，点画线框可模拟为一个实际的电压源。调节 R_2，令其阻值由大至小变化，记录两表的读数，填入表 1-11 中。

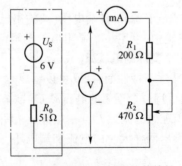

图 1-8　测定实际电压源的外特性

表1-11　测定实际电压源

U/V							
I/mA							

2. 测定电流源的外特性

按图1-9接线，I_S 为直流恒流源，调节其输出为 10 mA，令 R_0 分别为 1 kΩ 和 ∞（即接入和断开），调节电位器 R_L（从 0 至 470 Ω），测出这两种情况下的电压表和电流表的读数。自拟数据表格，记录实验数据。

3. 测定电源等效变换的条件

先按图1-10(a)所示电路接线，记录电路中两表的读数。然后利用图1-10（a）中右侧的元件和仪表，按图1-10(b)接线。调节恒流源的输

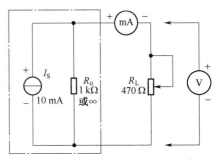

图1-9　测定电流源的外特性

出电流 I_S，使两表的读数与 1-10(a) 时的数值相等，记录 I_S 之值，验证等效变换条件的正确性。

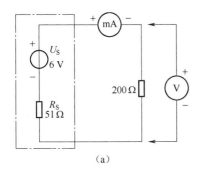 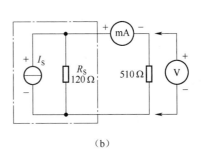

（a）　　　　　　　　　　　　　　（b）

图1-10　电源等效变换测定电路

五、实验注意事项

（1）在测电压源外特性时，不要忘记测空载时的电压值；测电流源外特性时，不要忘记测短路时的电流值，注意恒流源负载电压不要超过 20 V，负载不要开路。

（2）换接线路时，必须关闭电源开关。

（3）直流仪表的接入应注意极性与量程。

六、实验思考题

（1）通常直流稳压电源的输出端不允许短路，直流恒流源的输出端不允许开路，为什么？

（2）电压源与电流源的外特性为什么呈下降变化趋势？稳压源和恒流源的输出在任何负载下是否保持恒值？

七、实验报告要求

（1）根据实验数据绘出电源的四条外特性曲线，并总结、归纳各类电源的特性。

(2)从实验结果中,验证电源等效变换的条件。

(3)心得体会及其他。

任务 1.4　验证戴维南定理

一、实验目的

(1)验证戴维南定理和诺顿定理的正确性,加深对该定理的理解。

(2)掌握测量有源二端网络等效参数的一般方法。

二、实验器材

(1)可调直流稳压电源。

(2)可调直流恒流源。

(3)直流数字电压表。

(4)直流数字毫安表。

(5)电阻(51 Ω,200 Ω,1 kΩ)。

(6)可调电阻箱(1 kΩ/2 W)。

(7)戴维南定理实验电路板。

三、实验原理

1. 戴维南定理和诺顿定理

任何一个线性有源网络,如果仅研究其中一条支路的电压和电流,则可将电路的其余部分看作是一个有源二端网络(又称含源一端口网络)。

戴维南定理指出:任何一个线性有源网络,总可以用一个电压源与一个电阻的串联来等效代替,此电压源的电动势 U_s 等于这个有源二端网络的开路电压 U_{oc},其等效内阻 R_0 等于该网络中所有独立源均置零(理想电压源视为短接,理想电流源视为开路)时的等效电阻。

诺顿定理指出:任何一个线性有源网络,总可以用一个电流源与一个电阻的并联组合来等效代替,此电流源的电流 I_s 等于这个有源二端网络的短路电流 I_{sc},其等效内阻 R_0 定义同戴维南定理。

$U_{oc}(U_s)$ 和 R_0 或者 $I_{sc}(I_s)$ 和 R_0 称为有源二端网络的等效参数。

2. 有源二端网络等效参数的测量方法

1)开路电压、短路电流法测 R_0

在有源二端网络输出端开路时,用电压表直接测其输出端的开路电压 U_{oc},然后再将其输出端短路,用电流表测其短路电流 I_{sc},则等效内阻为

$$R_0 = \frac{U_{oc}}{I_{sc}}$$

如果二端网络的内阻很小,若将其输出端口短路,则易损坏其内部元件,因此不宜用此法。

2)伏安法测 R_0

用电压表、电流表测出有源二端网络的外特性曲线,如图 1-11 所示。根据外特性曲线

求出斜率 $\tan \varphi$，则内阻

$$R_0 = \tan \varphi = \frac{\Delta U}{\Delta I} = \frac{U_{OC}}{I_{SC}}$$

也可以先测量开路电压 U_{OC}，再测量电流为额定值 I_N 时的输出端电压值 U_N，则内阻为

$$R_0 = \frac{U_{OC} - U_N}{I_N}$$

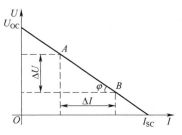

图 1-11　有源二端网络的外特性

3）半电压法测 R_0

如图 1-12 所示，当负载电压为被测有源网络开路电压的一半时，负载电阻（由电阻箱的读数确定）即为被测有源网络的等效内阻。

4）零示法测 U_{OC}

在测量具有高内阻有源二端网络的开路电压时，用电压表直接测量会造成较大的误差。为了消除电压表内阻的影响，往往采用零示测量法，如图 1-13 所示。

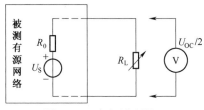

图 1-12　半电压法测 R_0

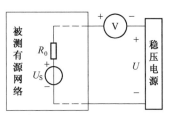

图 1-13　零示测量法

零示法测量原理是用一低内阻的稳压电源与被测有源二端网络进行比较，当稳压电源的输出电压与有源二端网络的开路电压相等时，电压表的读数将为"0"；然后将电路断开，测量此时稳压电源的输出电压，即为被测有源二端网络的开路电压。

四、实验内容与步骤

被测有源二端网络如图 1-14（a）所示。

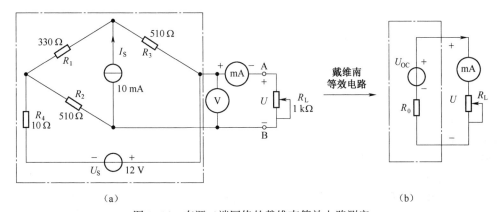

（a）　　　　　　　　　　　　　　　　　　　　　（b）

图 1-14　有源二端网络的戴维南等效电路测定

1. 用开路电压、短路电流法测定戴维南等效电路的 U_{OC}、R_0 和诺顿等效电路的 I_{SC}、R_0

按图 1-14（a）接入稳压电源 $U_S = 12$ V 和恒流源 $I_S = 10$ mA，不接入 R_L。测出 U_{OC} 和 I_{SC}，填入表 1-12 中，并计算出 R_0。（测 U_{OC} 时，不接入毫安表。）

表 1-12　测定戴维南等效电路和诺顿等效电路及等效电阻

U_{OC}/V	I_{SC}/mA	$R_0 = U_{OC}/I_{SC}/\Omega$

2. 负载实验

按图 1-14(a)接入 R_L。改变 R_L 阻值,测量有源二端网络的端口电压及外电流,将数据填入表 1-13 中。

表 1-13　负载实验数据

U/V								
I/mA								

3. 验证戴维南定理

从电阻箱上取得按步骤 1 所得的等效电阻 R_0 之值, 然后令其与直流稳压电源(调到步骤 1 时所测得的开路电压 U_{OC} 之值)相串联,如图 1-14(b)所示,仿照步骤 2 测其外特性,将实验数据填入表 1-14 中。

表 1-14　验证戴维南定理

U/V								
I/mA								

4. 验证诺顿定理

从电阻箱上取得按步骤 1 所得的等效电阻 R_0 之值, 然后令其与直流恒流源(调到步骤 1 时所测得的短路电流 I_{SC} 之值)相并联,如图 1-15 所示,仿照步骤 2 测其外特性,将实验数据填入表 1-15 中。

表 1-15　验证诺顿定理

U/V								
I/mA								

5. 有源二端网络等效电阻(又称入端电阻)的直接测量法

如图 1-14(a)所示,将被测有源网络内的所有独立源置零(去掉电流源 I_S 和电压源 U_S,并在原电压源所接的两点用一根短路导线相连),然后用伏安法或者直接用万用表的欧姆挡去测定负载 R_L 开路时 A、B 两点间的电阻,此即为被测网络的等效内阻 R_0,又称网络的入端电阻 R_i。

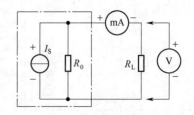

图 1-15　有源二端网络诺顿等效电路测定

6. 用半电压法和零示法测量被测网络的等效内阻 R_0 及其开路电压 U_{OC}

测量电路及实验数据表格自拟。

五、实验注意事项

(1)测量时应注意电流表量程的更换。

(2)步骤5中,电压源置零时不可将稳压源短接。

(3)用万用表直接测 R_0 时,网络内的独立源必须先置零,以免损坏万用表。其次,欧姆挡必须经调零后再进行测量。

(4)用零示法测量 U_{OC} 时,应先将稳压电源的输出调至接近于 U_{OC},再按图1-13测量。

(5)改接线路时,要关掉电源。

六、实验思考题

(1)在求戴维南或诺顿等效电路时,做负载短路实验,测 I_{SC} 的条件是什么?在本实验中可否直接做负载短路实验?请在实验前对图1-14(a)预先进行计算,以便调整实验电路及测量时可准确地选取电表的量程。

(2)说明测有源二端网络开路电压及等效内阻的几种方法,并比较其优缺点。

七、实验报告要求

(1)根据步骤2~步骤4,分别绘出曲线,验证戴维南定理和诺顿定理的正确性,并分析产生误差的原因。

(2)根据步骤1、5、6的几种方法测得的 U_{OC}、R_0 与预习时电路计算的结果进行比较,能得出什么结论。

(3)归纳、总结实验结果。

(4)心得体会及其他。

任务1.5　三相交流电路电压、电流的测量

一、实验目的

(1)掌握三相负载作星形连接、三角形连接的方法,验证这两种接法线、相电压及线、相电流之间的关系。

(2)充分理解三相四线供电系统中中性线的作用。

二、实验器材

(1)交流电压表。

(2)交流电流表。

(3)三相自耦调压器。

(4)三相灯组负载(220 V,15 W白炽灯,9个)。

(5)三相交流电源。

三、实验原理

(1)三相负载可接成星形(又称"Y"接)或三角形(又称"△"接)。当三相对称负载作星形连接时,线电压 U_L 是相电压 U_P 的 $\sqrt{3}$ 倍。线电流 I_L 等于相电流 I_P,即

$$U_L = \sqrt{3}\,U_P,\ I_L = I_P$$

在这种情况下,流过中性线的电流 $I_0 = 0$,所以可以省去中性线。

当对称三相负载作三角形连接时,有

$$I_{\text{L}} = \sqrt{3}I_{\text{P}}, U_{\text{L}} = U_{\text{P}}$$

（2）不对称三相负载作星形连接时，必须采用三相四线制接法，即$\curlyvee_0$接法。而且中性线必须牢固连接，以保证三相不对称负载的每相电压维持对称不变。

倘若中性线断开，会导致三相负载电压的不对称，致使负载轻的那一相的相电压过高，使负载遭受损坏；负载重的一相的相电压又过低，使负载不能正常工作。尤其是对于三相照明负载，无条件地一律采用$\curlyvee_0$接法。

（3）当不对称负载作三角形连接时，$I_{\text{L}} \neq \sqrt{3}I_{\text{P}}$，但只要电源的线电压$U_{\text{L}}$对称，加在三相负载上的电压仍是对称的，对各相负载工作没有影响。

四、实验内容与步骤

1. 三相负载星形连接（三相四线制供电）

按图1-16所示连接实验电路，即三相灯组负载经三相自耦调压器接通三相对称电源。将三相自耦调压器的旋柄置于输出为 0 V 的位置（即逆时针旋到底）。经指导教师检查合格后，方可开启实验台电源，然后调节调压器的输出，使输出的三相线电压为 220 V，并按下述内容完成各项实验，分别测量三相负载的线电压、相电压、线电流、相电流、中性线电流、电源与负载中性点间的电压。将所得的数据填入表1-16中，并观察各相灯组亮暗的变化程度，特别要注意观察中性线的作用。

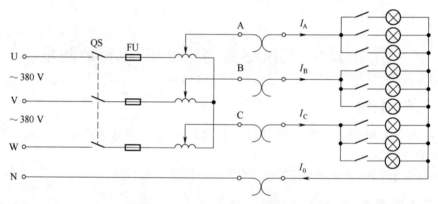

图 1-16　三相负载星形连接电路

表 1-16　测量三相负载星形连接

负载情况	开灯盏数			线电流/A			线电压/V			相电压/V			中性线电流I_0/A	中性点电压U_{N0}/V
	A 相	B 相	C 相	I_{A}	I_{B}	I_{C}	U_{AB}	U_{BC}	U_{CA}	U_{A0}	U_{B0}	U_{C0}		
$\curlyvee_0$接平衡负载	3	3	3											
$\curlyvee$接平衡负载	3	3	3											
$\curlyvee_0$接不平衡负载	1	2	3											
$\curlyvee$接不平衡负载	1	2	3											
$\curlyvee$接 B 相断开	1		3											
$\curlyvee$接 B 相断开	1		3											
$\curlyvee$接 B 相短路	1		3											

2. 三相负载三角形连接(三相三线制供电)

按图 1-17 改接线路,经指导教师检查合格后接通三相电源,并调节调压器,使其输出线电压为 220 V,并按表 1-17 中的内容进行测试。

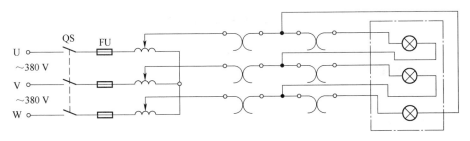

图 1-17　负载三角形连接电路

表 1-17　测量负载三角形连接

负载情况	测量数据											
	开灯 盏 数			线电压=相电压/V			线电流/A			相电流/A		
	A-B 相	B-C 相	C-A 相	U_{AB}	U_{BC}	U_{CA}	I_A	I_B	I_C	I_{AB}	I_{BC}	I_{CA}
三相平衡	3	3	3									
三相不平衡	1	2	3									

五、实验注意事项

(1)本实验采用三相交流市电,线电压为 380 V,应穿绝缘鞋进入实验室。实验时要注意人身安全,不可触及导电部件,防止意外事故发生。

(2)每次接线完毕,同组同学应自查一遍,然后由指导教师检查后,方可接通电源,必须严格遵守先断电、再接线、后通电;先断电、后拆线的实验操作原则。

(3)星形负载作短路实验时,必须首先断开中性线,以免发生短路事故。

(4)为避免烧坏灯泡,DGJ-04 实验挂箱内设有过电压保护装置。当任一相电压大于 245~250 V 时,即声光报警并跳闸。因此,在作星形连接不平衡负载或缺相实验时,所加线电压应以最高相电压小于 240 V 为宜。

六、实验思考题

(1)三相负载根据什么条件作星形或三角形连接?

(2)复习三相交流电路有关内容,试分析三相星形连接不对称负载在无中性线情况下,当某相负载开路或短路时会出现什么情况? 如果接上中性线,情况又如何?

(3)本次实验中为什么要通过三相调压器将 380 V 市电线电压降为 220 V 的线电压使用?

七、实验报告要求

(1)用实验测得的数据验证对称三相电路中的 $\sqrt{3}$ 关系。

(2)用实验数据和观察到的现象,总结三相四线供电系统中性线的作用。

(3)不对称三角形连接的负载,能否正常工作? 实验是否能证明这一点?

（4）根据不对称负载三角形连接时的相电流值作相量图，并求出线电流值，然后与实验测得的线电流比较，并分析之。

（5）心得体会及其他。

任务 1.6　三相异步电动机的控制电路

一、实验目的

（1）通过对三相笼形异步电动机点动、自锁和正反转控制电路的实际安装接线，掌握由电气原理图变换成安装接线图的方法。

（2）通过实验，进一步加深理解点动控制和自锁控制的特点。

（3）加深对电气控制系统各种保护、自锁、互锁等环节的理解。

（4）学会分析、排除继电器–接触器控制电路故障的方法。

二、实验器材

（1）三相交流电源。

（2）三相笼形异步电动机。

（3）交流接触器。

（4）按钮。

（5）热继电器。

（6）交流电压表。

三、实验原理

（1）继电器–接触器控制在各类生产机械中获得广泛应用，凡是需要进行前后、上下、左右、进退等运动的生产机械，均采用传统的典型的正、反转继电器–接触器控制。

交流电动机继电器–接触器控制电路的主要设备是交流接触器，其主要构造如下：

①电磁系统：铁芯、吸引线圈和短路环。

②触点系统：主触点和辅助触点。还可按吸引线圈得电前后触点的动作状态，分为动合（常开）、动断（常闭）触点两类。

③消弧系统：在切断大电流的触点上装有灭弧罩，以迅速切断电弧。

④接线端子，反作用弹簧等。

（2）在控制回路中常采用接触器的辅助触点来实现自锁和互锁控制。要求接触器线圈得电后能自动保持动作后的状态，这就是自锁，通常用接触器自身的动合触点与启动按钮相并联来实现，以达到电动机的长期运行，这一动合触点称为"自锁触点"。

（3）使两个电器不能同时得电动作的控制，称为互锁控制，如为了避免正、反转两个接触器同时得电而造成三相电源短路事故，必须增设互锁控制环节。为操作的方便，也为防止因接触器主触点长期大电流的烧蚀而偶发触点粘连后造成的三相电源短路事故，通常在具有正、反转控制的电路中采用既有接触器的动断辅助触点的电气互锁，又有复合按钮机械互锁的双重互锁的控制环节。

（4）在笼形异步电动机正反转控制电路中，通过相序的更换来改变电动机的旋转方向。本实验给出两种不同的正、反转控制电路如图 1-18、图 1-19 所示，具有如下特点：

①电气互锁。为了避免接触器 KM_1（正转）、KM_2（反转）同时得电吸合造成三相电源短路，在 KM_1（KM_2）线圈支路中串联有 KM_1（KM_2）动断触点，它们保证了线路工作时 KM_1、KM_2 不会同时得电（见图 1-18），以达到电气互锁的目的。

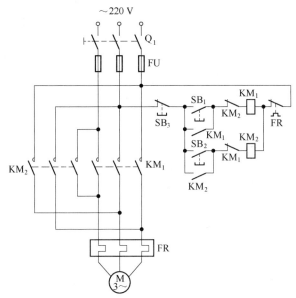

图 1-18　电机的正反转控制电路

②电气和机械双重互锁。除电气互锁外，可再采用复合按钮 SB_1 与 SB_2 组成的机械互锁环节（见图 1-19），以求线路工作更加可靠。

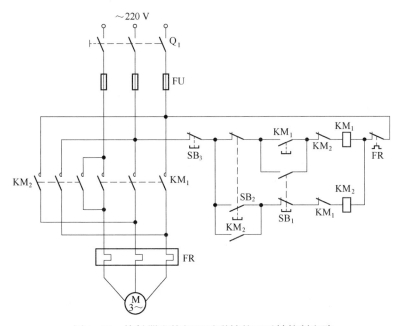

图 1-19　接触器和按钮双重联锁的正反转控制电路

③线路具有短路、过载、失电压、欠电压保护等功能。

(5)控制按钮通常用以短时通、断小电流的控制回路，以实现近、远距离控制电动机等执行部件的启、停或正、反转控制。按钮是专供人工操作使用的。对于复合按钮,其触点的动作规律是:当按下时,其动断触点先断,动合触点后合;当松手时,则动合触点先断,动断触点后合。

(6)在电动机运行过程中,应对可能出现的故障进行保护。

采用熔断器作短路保护,当电动机或电器发生短路时,及时熔断熔体,达到保护线路、保护电源的目的。熔体熔断时间与流过的电流关系称为熔断器的保护特性,这是选择熔体的主要依据。

采用热继电器实现过载保护,使电动机免受长期过载之危害。其主要的技术指标是整定电流值,即电流超过此值的 20% 时,其动断触点应能在一定时间内断开,切断控制回路,动作后只能由人工进行复位。

四、实验内容与步骤

认识各电器的结构、图形符号、接线方法;抄录电动机及各电器铭牌数据;并用万用表欧姆挡检查各电器线圈、触点是否完好。

笼形异步电动机接成 △ 接法;实验电路电源端接三相自耦调压器输出端 U、V、W,供电线电压为 220 V。

1. 点动控制电路

按图 1-20 点动控制电路进行安装接线,接线时,先接主电路,即从 220 V 三相交流电源的输出端 U、V、W 开始,经接触器 KM 的主触点,热继电器 FR 的热元件到电动机 M 的三个接线端 A、B、C,用导线按顺序串联起来。主电路连接完整无误后,再连接控制电路,即从 220 V 三相交流电源某输出端(如 V)开始,经过常开按钮 SB1、接触器 KM 的线圈、热继电器 FR 的动断触点到三相交流电源另一输出端(如 W),显然这是对接触器 KM 线圈供电的。接好电路,经指导教师检查后,方可进行通电操作。

(1)开启控制屏电源总开关,按启动按钮,调节调压器输出,使输出线电压为 220 V。

(2)按启动按钮 SB_1,对电动机 M 进行点动操作,比较按下 SB_1 与松开 SB_1 电动机和接触器的运行情况。

(3)实验完毕,按控制屏停止按钮,切断实验电路三相交流电源。

2. 自锁控制电路

按图 1-21 所示自锁控制电路进行接线,它与图 1-20 的不同点在于控制电路中多串联一只常闭按钮 SB_2,同时在 SB_1 上并联一只接触器 KM 的动合触点,它起自锁作用。

接好电路,经指导教师检查后,方可进行通电操作。

(1)按控制屏启动按钮,接通 220 V 三相交流电源。

(2)按启动按钮 SB_1,松手后观察电动机 M 是否继续运转。

(3)按停止按钮 SB_2,松手后观察电动机 M 是否停止运转。

(4)按控制屏停止按钮,切断实验电路三相电源,拆除控制回路中自锁触点 KM,再接通三相电源,启动电动机,观察电动机及接触器的运转情况,从而验证自锁触点的作用。

实验完毕,将自耦调压器调回零位,按控制屏停止按钮,切断实验线路的三相交流电源。

3. 接触器联锁的正反转控制电路

按图 1-18 接线,经指导教师检查后,方可进行通电操作。

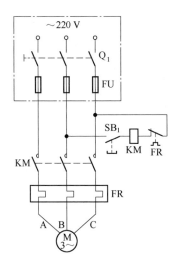

图 1-20　电动机的点动控制电路

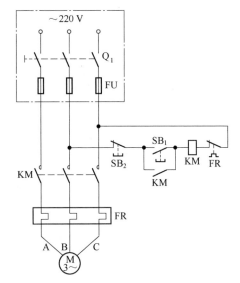

图 1-21　电机的自锁控制电路

(1)开启控制屏电源总开关,按启动按钮,调节调压器输出,使输出线电压为220V。

(2)按正向启动按钮 SB_1 ,观察并记录电动机的转向和接触器的运行情况。

(3)按反向启动按钮 SB_2 ,观察并记录电动机和接触器的运行情况。

(4)按停止按钮 SB_3 ,观察并记录电动机的转向和接触器的运行情况。

(5)再按 SB_2 ,观察并记录电动机的转向和接触器的运行情况。

(6)实验完毕,按控制屏停止按钮,切断三相交流电源。

4. 接触器和按钮双重联锁的正反转控制电路

按图 1-19 接线,经指导教师检查后,方可进行通电操作。

(1)按控制屏启动按钮,接通 220 V 三相交流电源。

(2)按正向启动按钮 SB_1 ,电动机正向启动,观察电动机的转向及接触器的动作情况。按停止按钮 SB_3 ,使电动机停转。

(3)按反向启动按钮 SB_2 ,电动机反向启动,观察电动机的转向及接触器的动作情况。按停止按钮 SB_3 ,使电动机停转。

(4)按正向(或反向)启动按钮,电动机启动后,再按反向(或正向)启动按钮,观察有何情况发生?

(5)电动机停稳后,同时按正、反向两只启动按钮,观察有何情况发生?

(6)失电压与欠电压保护:

①按启动按钮 SB_1 (或 SB_2)电动机启动后,按控制屏停止按钮,断开实验电路三相电源,模拟电动机失电压(或零电压)状态,观察电动机与接触器的动作情况,随后,再按控制屏上启动按钮,接通三相电源,但不按 SB_1 (或 SB_2),观察电动机能否自行启动?

②重新启动电动机后,逐渐减小三相自耦调压器的输出电压,直至接触器释放,观察电动机是否自行停转。

(7)过载保护。打开热继电器的后盖,当电动机启动后,人为地拨动双金属片模拟电动机过载情况,观察电动机、电器动作情况。

注意:此项内容,较难操作且危险,有条件可由指导教师进行示范操作。

实验完毕,将自耦调压器调回零位,按控制屏停止按钮,切断实验电路电源。

五、实验注意事项

(1)接线时合理安排挂箱位置,接线要求牢靠、整齐、清楚、安全可靠。

(2)操作时要胆大、心细、谨慎,不许用手触及各电器元件的导电部分及电动机的转动部分,以免触电及意外损伤。

(3)通电观察继电器动作情况时,要注意安全,防止碰触带电部位。

六、实验思考题

(1)试比较点动控制电路与自锁控制电路从结构上看主要区别是什么?从功能上看主要区别是什么?

(2)自锁控制电路在长期工作后可能出现失去自锁作用。试分析产生的原因是什么?

(3)交流接触器线圈的额定电压为 220 V,若误接到 380 V 电源上会产生什么后果?反之,若接触器线圈的额定电压为 380 V,而电源线电压为 220 V,其结果又如何?

(4)在主回路中,熔断器和热继电器热元件可否少用一只或两只?熔断器和热继电器两者可否只采用其中一种就可起到短路和过载保护作用?为什么?

(5)在电动机正反转控制电路中,为什么必须保证两个接触器不能同时工作?采用哪些措施可解决此问题?这些方法有何利弊?最佳方案是什么?

(6)在控制电路中,短路、过载、失电压、欠电压保护等功能是如何实现的?在实际运行过程中,这几种保护有何意义?

七、实验报告要求

(1)画出电动机点动、自锁、正反转等控制电路的主电路和控制电路。

(2)完成实验思考题,写出实验后的心得体会。

模块 ②　模拟电子技术实验

模拟电子技术实验安排在模拟电子技术课程学习过程中,与理论课程穿插进行。通过实验验证,加深课堂知识的理解和融会贯通,有利于将课堂知识运用到实际项目中。本模块设计的五个任务,涵盖了三极管放大电路、集成运算放大器以及功率放大器等内容。其中任务 2.1"电子仪器仪表的使用"包括了示波器、函数信号发生器、交流毫伏表和频率计等常用电子测量仪器的使用,为后续实验的开展奠定操作基础。任务 2.2"单管共射极放大电路的测试"、任务 2.3"负反馈放大电路的测量"为三极管放大电路静态特性与动态特性的测试,通过对两个实验结果的比较,加深负反馈对放大电路性能影响的理解。任务 2.4"集成运算放大器的线性应用"包括同相比例运算、反相比例运算、加法运算、减法运算及微分运算五个集成运放的典型运用电路。任务 2.5"OTL 功率放大器的探究"采用单电源供电的互补对称功率放大电路,便于实验的展开。

任务 2.1　电子仪器仪表的使用

一、实验目的

(1)掌握示波器、函数信号发生器、交流毫伏表和频率计等电子仪器仪表的正确使用方法。

(2)熟悉用示波器观察各种信号波形,并能确定信号波形的参数。

(3)了解示波器、函数信号发生器、交流毫伏表等仪器仪表的技术指标和性能。

二、实验器材

(1)模拟电路实验台(包括直流稳压电源、函数信号发生器、直流电压表、直流电流表、交流毫伏表、数字频率计、小规模集成芯片插座等)。

(2)双踪示波器。

(3)万用表。

三、实验原理

在模拟电子电路实验中,经常使用的电子仪器有示波器、函数信号发生器、直流稳压电源、交流毫伏表及频率计等。它们和万用表一起,可以完成对模拟电子电路的静态和动态工作情况的测试。

万用表一般用于测量电路的静态工作点和直流信号,有数字式和指针式两种。示波器用来观察电路中各测试点的波形,监测电路的工作情况,也可用来测量信号的周期、频率、幅值、相位差及观察电路的特性曲线等,有单踪和双踪两种。函数信号发生器是为测量电路提供各种频率、幅值及波形的输入信号。直流稳压电源是把交流电源转换成直流电源的装置,为电路提供工作电源。交流毫伏表用来测量交流电压大小,有数字式和指针式两种。

实验中要对各种电子仪器进行综合使用,可按照信号流向,以连线简洁,调节顺手,观察与读数方便等原则进行合理布局,各仪器与被测实验装置之间的布局与连接如图 2-1 所示。接线时应注意,为防止外界干扰,各仪器的公共接地端应连接在一起,称为共地。信号源和交流毫伏表的引线通常用屏蔽线,示波器接线使用专用电缆线,直流电源的接线使用普通导线。

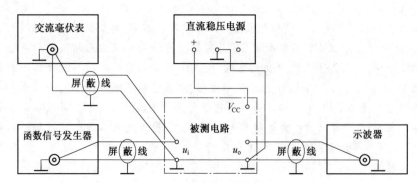

图 2-1　模拟电子电路中常用电子仪器布局与连接

1. 双踪示波器

示波器是一种用途很广的电子测量仪器,它是利用阴极射线管作为显示器的电子测量仪器。示波器既能直接显示电信号的波形,又能对电信号的各种参数(如电压、电流、周期、频率、相位、失真度以及脉冲信号的参量)进行测量。下面介绍双踪示波器使用要点。

(1)寻找扫描光迹。将示波器显示方式置于 CH_1 或 CH_2,输入耦合方式置 GND,开机预热后,屏幕上出现扫描光迹,分别调节辉度、聚焦、垂直、水平位移的旋钮,使光迹清晰并且与水平刻度线平行。若在显示屏上不出现光点和扫描基线,可按下列操作去找到扫描线:

①适当调节亮度旋钮。

②触发方式开关置"自动"。

③适当调节垂直、水平位移旋钮。

(2)双踪显示信号波形。双踪示波器有 CH_1、CH_2 两个通道可选,将被测信号送入被选用的通道插座,被测信号若为交流信号就将输入耦合方式置于 AC;若为直流信号就将输入耦合方式置于 DC。

双踪示波器一般有 5 种显示方式,即 CH_1(通道 1)、CH_2(通道 2)、ADD(相加)三种单踪显示方式和 ALT(交替)和 CHOP(断续)两种双踪显示方式。

①CH_1(通道 1),单独显示 CH_1 通道的输入信号。

②CH_2(通道 2),单独显示 CH_2 通道的输入信号。

③ADD 相加,显示 CH_1、CH_2 两通道输入信号之和。

④ALT 交替,CH_1、CH_2 两通道信号交替显示,一般适宜于输入信号频率较高时使用。因交替频率高,借助示波管的余辉在屏幕上能同时显示。

⑤CHOP 断续,CH_1、CH_2 两通道信号同时显示,一般适宜于输入信号频率较低时使用。

(3)为了显示稳定的被测信号波形,"触发源选择"开关一般选为 INT(内触发),使扫描触发信号取自示波器 CH_1 或 CH_2 通道的被测信号。

(4)"触发方式"开关通常先置于 AUTO(自动),调出波形后,若被显示的波形不稳定,可置"触发方式"开关于 NORM(常态),通过调节"触发电平"旋钮找到合适的触发电压,使被测试的波形稳定地显示在示波器屏幕上。

(5)测量信号的幅值和频率。适当调节 s/div(扫描速率)开关及 v/div(Y 轴灵敏度)开关,使屏幕上显示 1~2 个周期的被测信号波形。

①测量信号的幅值、峰-峰值、有效值。在测量幅值时,应注意将"Y 轴灵敏度微调"旋钮置于"校准"位置,即顺时针旋到底。

根据被测波形在屏幕坐标刻度上垂直方向所占的格数(div 或 cm)与"Y 轴灵敏度"开关指示值(v/div)的乘积,即可算得信号幅值的实测值。例如,交流电压的峰-峰值 U_{P-P} 为

$$U_{P-P} = 垂直方向所占的格数(div) \times Y 轴灵敏度读数(v/div)$$

若电压信号为正弦波,则 $U_{有效值} = U_{P-P}/2\sqrt{2}$。

②测量信号的周期、频率。在测量周期时,应注意将"X 轴扫速微调"旋钮置于"校准"位置,即顺时针旋到底。

根据被测信号波形一个周期在屏幕坐标刻度水平方向所占的格数(div 或 cm)与"X 轴扫描速率"开关指示值(s/div)的乘积,即可算得信号频率的实测值。如交流信号的周期 T 为

$$T = 两个峰点的格数(div) \times X 轴扫描速率读数(s/div)$$

则信号频率 f 为

$$f = 1/T$$

2. 函数信号发生器、频率计

在电子实验中,能够产生各种不同特性波形的振荡器,即为函数信号发生器。它能提供各种不同的波形、不同的频率和不同的电压幅值的信号。频率计是用来测量信号频率的仪表。

DZX-2 函数信号发生器按需要输出正弦波、方波、三角波等信号波形。输出频率范围为 15 Hz~90 kHz,输出电压的峰-峰值最大可达 15 V。使用时,只要开启函数信号发生器的开关,即进入工作状态,通过输出衰减开关和输出幅度调节旋钮,可使输出电压在毫伏级到伏级范围内连续调节。函数信号发生器的输出信号频率可以通过频率分挡开关进行调节。不同波形的输出通过选择按键进行切换。值得注意的是,函数信号发生器作为信号源,它的输出端不允许短路。

只要开启频率计的开关,即进入待测状态。本实验用的频率计分辨率为 1 Hz,测频范围为 1 Hz~300 kHz,选择开关置于"内测",即为函数信号发生器自身的信号输出频率;选择开关置于"外测",则是输入的被测信号的频率。在使用频率计的过程中,如果遇到瞬时强干扰而出现死锁,此时按一下复位(RES)键,即可自动恢复正常工作。

3. 交流毫伏表

交流毫伏表是用来测量正弦交流信号电压大小的仪表。它只能在其工作频率范围之内,测量显示的正弦电压的有效值,分为指针式和数字式两种。与万用表相比,具有灵敏度高、输入阻抗高、可测的电压和频率范围宽、分布参量小、能承受较大和较久的过载等优点。为了防止过载而损坏,测量前一般先把量程开关置于量程较大的位置上,然后在测量中逐挡减小量程。

用交流毫伏表来测量正弦交流信号电压时,应先接好地线,再连接高电位端。实验完毕后,应先取下高电位端线,再取下地线。

四、实验内容与步骤

1. 用交流毫伏表测量正弦信号电压

(1)连接函数信号发生器和交流毫伏表,将函数信号发生器的"信号选择"置于正弦波,频率计开关置于"内测"。

(2)开启函数信号发生器和频率计的电源开关,按表2-1中的数据调节函数信号发生器的频率和幅值旋钮,从频率计读出信号的频率。

(3)适当选择交流毫伏表的量程,将有关数据填入表2-1中。

表2-1 正弦信号的频率和有效值测量

正弦信号的频率/Hz	100	1 000	2 000	5 000	8 000
正弦信号的有效值	3 V	20 mV	80 mV	240 mV	10 mV
交流毫伏表量程					

2. 用机内校正信号对示波器进行自检

(1)扫描基线调节。步骤如下:

①将示波器的显示方式开关置于"单踪"显示(CH_1或CH_2),输入耦合方式开关置GND,触发方式开关置于"自动"。

②开启电源开关后,调节"辉度""聚焦""辅助聚焦""扫速"等旋钮,使荧光屏上显示一条细而且亮度适中的扫描基线。

③调节"X轴位移"和"Y轴位移"旋钮,使扫描基线位于屏幕中央,并且能上下左右移动自如。

(2)测试"校正信号"波形的幅度、频率。步骤如下:

①将示波器的"校正信号"通过探头引入选定的Y通道(Y_1或Y_2),将Y轴输入耦合方式开关置于AC或DC,触发源选择开关置于"内",内触发源选择开关置于CH_1或CH_2。

②调节"X轴扫描速率"开关(s/div)和"Y轴输入灵敏度"开关(V/div),使示波器显示屏上显示出一个或数个周期稳定的方波波形。

校准"校正信号"幅度:将"Y轴灵敏度微调"旋钮置于"校准"位置,"Y轴灵敏度"开关置适当位置,读取校正信号幅度,记入表2-2中。

表2-2 "校正信号"波形的幅度、频率测量值

项　目	标　准　值	实　测　值
幅度 U_{P-P}/V		
频率 f/kHz		

注:不同型号示波器标准值有所不同,请按所使用示波器将标准值填入表2-2中。

校准"校正信号"频率:将"扫速微调"旋钮置于"校准"位置,"扫速"开关置适当位置,读取校正信号周期,记入表2-2中。

3. 用示波器和交流毫伏表测量信号参数

(1)调节函数信号发生器有关旋钮,使输出频率分别为100 Hz、1 kHz、10 kHz、100 kHz,有效值均为1 V(交流毫伏表测量值)的正弦波信号。

(2)改变示波器"扫速"开关及"Y轴灵敏度"开关等位置,测量信号源输出电压频率及峰-峰值,记入表2-3中。

表 2-3 信号电压参数的测量值

信号电压的频率	示波器测量值		信号电压毫伏表的读数	示波器测量值	
	周期/ms	频率/Hz		峰-峰值/V	有效值/V
100 Hz					
1 kHz					
10 kHz					
100 kHz					

五、实验注意事项

(1)熟悉示波器面板上各旋钮的作用,切不可盲目操作。

(2)直流稳压电源输出负电压应将电源的正极接地,负极接入电路。

(3)使用双踪示波器的两个通道同时测量两个信号时,必须保证两个探头的地线接在电路的同一点上。

六、实验思考题

(1)使用示波器时,什么情况下需要用校准信号方波对示波器进行校准?

(2)信号电压的测量能否用万用表?

七、实验报告要求

(1)根据实验结果,记录、整理实验数据,填入相应的表格。

(2)画出各仪器使用连接示意图。

(3)完成实验思考题,写出实验后的心得体会。

任务 2.2　单管共射极放大电路的测试

一、实验目的

(1)熟悉双踪示波器、函数信号发生器、交流毫伏表、频率计等仪器仪表的使用。

(2)掌握放大电路静态工作点的调试和测量方法;能分析静态工作点对放大电路的影响。

(3)学会放大电路输入电阻、输出电阻以及放大倍数等动态指标的测量方法。

(4)通过实验,进一步理解单管共射极放大电路的特点。

二、实验器材

(1)模拟电路实验台。

(2)双踪示波器。

(3)单管放大、负反馈两级放大实验电路模块。

(4)三极管(3DG6)、电阻、电容、电位器若干。

三、实验原理

1. 典型电阻分压式单管共射极放大电路

在图 2-2 电路中,三极管 VT 是放大电路的核心,组成共射极放大电路,它能将低频电压信号进行不失真放大。C_1、C_2 分别为输入、输出端的耦合电容,其容量足够大(交流信号可视为短路),一般用有极性的电解电容。为了改善放大器的性能,发射极中接有负反馈电阻 R_E,这样会影响放大器的电压放大倍数,因而将其并联一个电容 C_E,称为旁路电容,动态时 R_E 被短路,从而不影响放大器的电压放大倍数;由上偏置电阻 R_{B1} 和下偏置电阻 R_{B2}(其中 R_W 可调)组成分压式偏置电路,它的作用是固定三极管 VT 的基极电位从而稳定放大器的静态工作点。

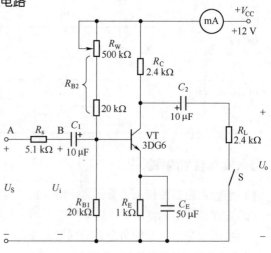

图 2-2　电阻分压式单管共射极放大电路

2. 静态分析放大电路的工作点

1)设置、调试静态工作点

静态工作点是指放大电路输入信号为零时的直流状态参数 I_B、U_{BE} 和 I_E、U_{CE} 分别在三极管的输入和输出特性曲线上确定的点 Q。放大器只有选定了合适的静态工作点后才能正常工作,否则将引起输出电压波形失真,导致放大器不能正常工作。合适的静态工作点的设置与参数 R_{B1}、R_{B2}、V_{CC} 的大小有关。

放大器静态工作点的调试是指对三极管集电极电流 I_C(或 U_{CE})的调整与测试。静态工作点是否合适,对放大器的性能和输出波形都有很大影响。静态工作点设置偏高,放大器在加入交流信号以后易产生饱和失真,此时 u_o 的负半周将被削底;静态工作点设置偏低,则易产生截止失真,即 u_o 的正半周被缩顶(一般截止失真不如饱和失真明显)。这些情况都不符合不失真放大的要求。所以,在选定工作点以后还必须进行动态调试,即在放大器的输入端加入一定的输入电压 u_i,检查输出电压 u_o 的大小和波形是否满足要求。如不满足,则应调节静态工作点的位置。

改变电路参数 V_{CC}、R_C、R_B(R_{B1}、R_{B2})都会引起静态工作点的变化。但通常多采用调节偏置电阻 R_{B2} 的方法来改变静态工作点,如减小 R_{B2},则可使静态工作点提高。

工作点"偏高"或"偏低"不是绝对的,应该是相对信号幅度而言的。如输入信号幅度很小,即使工作点较高或较低也不一定会出现失真。所以确切地说,产生波形失真是信号幅度与静态工作点设置配合不当所致。如需满足较大信号幅度的要求,静态工作点最好尽量靠近交流负载线的中点。

2)求静态工作点 Q

在图 2-2 所示电路中,静态时,流过上下偏置电阻 R_{B1} 和 R_{B2} 的电流远大于流入三极管 VT 基极的电流(一般在 10 倍以上),这样两偏置电阻 R_{B1} 和 R_{B2} 构成一个串联分压电路,三极管 VT 基极的电位 U_B 近似为

$$U_B \approx \frac{R_{B1}}{R_{B1} + R_{B2}} V_{CC}$$

则三极管 VT 基极的电位 U_B 被固定，即由 R_{B1}、R_{B2} 的阻值和电源电压 V_{CC} 确定，与其他因素（如温度变化）无关，这样放大器的静态工作点可以按下式计算：

$$I_E \approx \frac{U_B - U_{BE}}{R_E} \approx I_C$$

$$I_B \approx \frac{I_C}{\beta}$$

$$U_{CE} = V_{CC} - I_C(R_C + R_E)$$

以上三式说明 I_E、I_B、U_{CE} 的值能够稳定，即放大器的静态工作点能够得到稳定。

3. 动态分析放大电路的性能指标

放大电路的动态指标包括电压放大倍数、输入电阻、输出电阻、最大不失真输出电压（动态范围）和通频带等。

1）电压放大倍数

当输入信号不为零（低频小信号）时，放大器的交流工作状态称为"动态"。如果输入信号幅值很小或者晶体管工作在输入特性的线性部分，则晶体管可以视为线性元件，输出信号与输入信号的变化波形一样，但相位相反，如果集电极电阻 R_C 和负载电阻 R_L 都足够大，输出信号的幅值将远大于输入信号的幅值，其比值即为放大器的电压放大倍数 A_u，计算公式为

$$A_u = -\beta \frac{R_C /\!/ R_L}{r_{be}}$$

式中，$r_{be} = 200 + (1 + \beta)26(\text{mV})/I_E$。

若无旁路电容 C_E 时，则放大器的电压放大倍数为 A_u' 为

$$A_u' = -\beta \frac{R_C /\!/ R_L}{r_{be} + (1 + \beta)R_E}$$

由此可知，A_u' 比 A_u 小得多。想一想，为什么？

2）输入电阻 R_i

从输入端来看，放大器的等效电阻称为放大器的输入电阻。可通过在信号源电压 U_S 和输入电压 U_i 之间串联一个已知电阻 R_S 来间接测量，其原理如图 2-3 左端所示。

由图 2-3 左端可知输入电阻为

$$R_i = \frac{U_i}{I_i} = \frac{U_i}{\dfrac{U_R}{R_S}} = \frac{U_i}{U_S - U_i} R_S \qquad (2\text{-}1)$$

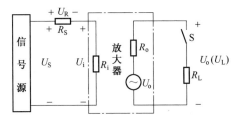

图 2-3　输入/输出电阻测量的原理图

对于图 2-3,其输入电阻 R_i 为

$$R_i = R_{B1} // R_{B2} // r_{be}$$

3)输出电阻 R_o

从输出端来看,放大器相当于一个电压源和一个电阻串联的电路,该电阻就是放大器输出端的等效电阻,称为放大器的输出电阻。

通过测量放大器空载时(S 断开)的输出电压 U_o 和有载时(S 闭合)的输出电压 U_L 以及负载 R_L 的阻值,可间接测量出输出电阻 R_o,其原理如图 2-3 右端所示。

由图 2-3 右端可知输出电阻为

$$R_o = \left(\frac{U_o}{U_L} - 1 \right) R_L \tag{2-2}$$

对于图 2-2,其输出电阻 R_o 为

$$R_o \approx R_C$$

4. 放大电路的设计与调试

由于电子器件性能的分散性比较大,因此在设计和制作晶体管放大电路时离不开测量和调试技术。在设计前应测量所用元器件的参数,为电路设计提供必要的依据,在完成设计和装配以后,还必须测量和调试放大器的静态工作点和各项性能指标。一个性能良好的放大器,必定是理论设计与实验调整相结合的产物。因此,除了学习放大器的理论知识和设计方法外,还必须掌握必要的测量和调试技术。

四、实验内容与步骤

1. 调试静态工作点

(1)连接好图 2-2 所示实验电路。

(2)调节直流稳压电源输出+12 V(注意电源的极性),将其接到实验电路上。

(3)调节偏置电阻 R_W,用直流数字电压表测量晶体管发射极电阻 R_E 上的电位 U_E,约为 2 V,说明集电极静态电流 $I_C = 2$ mA,此时再用直流数字电压表测量 U_B、U_C 的电位。

(4)关掉直流电源,用万用表的欧姆挡 $R \times 1$ k 测量 R_W 的值,计算 R_{B2}($R_{B2} = R_W + 20$ kΩ)的值,填入表 2-4 中。

表 2-4　静态工作点的测量值

测试条件	测试项目			
	U_B/V	U_C/V	U_E/V	$R_{B2}/kΩ$
$U_i = 0$				

(5)根据表 2-4 的测量结果,计算静态工作点的相关参数值,填入表 2-5 中。

表 2-5　静态工作点的计算值

U_{BE}/V	U_{CE}/V	$I_B/\mu A$	I_C/mA	$\beta = I_C/I_B$

2. 测量电压放大倍数

(1)负载 R_L 分别为无穷大(即空载时,S 断开)和 2.4 kΩ(S 闭合)时,调节函数信号发生器,使其输出幅值为 10 mV,频率为 1 kHz 交流信号接到实验电路的输入端。

（2）用双踪示波器同时观察输入和输出信号的幅值和相位关系。

（3）用交流毫伏表测量输出电压的幅值，计算放大器的电压放大倍数，将结果填入表2-6中。

表2-6　电压放大倍数的计算值

负载 $R_L/\mathrm{k}\Omega$	测量值		计算值
	U_i/V	U_o/V	$A_u = U_o/U_i$
∞	0.01		
2.4	0.01		

（4）增大输入信号的幅值，观察输出波形的失真情况，说明是什么失真？

3. 测量输入和输出电阻

（1）输入电阻 R_i 的测量。步骤如下：

①用交流毫伏表测量信号源电压 U_S 和输入电压 U_i，将结果填入表2-7中。

②用万用表的欧姆挡 $R\times1\ \mathrm{k}$ 测量电阻 R_S，将结果填入表2-7中。

③用式（2-1）计算输入电阻 R_i，将计算结果填入表2-7中。

（2）输出电阻 R_o 的测量。步骤如下：

①将输出端开关S断开（$R_L = \infty$），用交流毫伏表测量空载时的输出电压 U_o，将结果填入表2-7中。

②将输出端开关S闭合（$R_L = 2.4\ \mathrm{k}\Omega$），用交流毫伏表测量有载时的输出电压 U_L，将结果填入表2-7中。

③用万用表的欧姆挡 $R\times100$ 测量电阻 R_L，将结果填入表2-7中。

④用式（2-2）计算输出电阻 R_o，将计算结果填入表2-7中。

表2-7　输入和输出电阻的测量值

U_S	U_i	R_S	计算 R_i	U_o	U_L	R_L	计算 R_o

4. 观察饱和、截止失真波形

（1）在实验内容1和2的基础上，调节偏置电阻 R_W，顺时针旋转直到输出波形出现失真，说明波形是什么失真波形。

（2）调节偏置电阻 R_W，逆时针旋转直到输出波形出现失真，说明波形是什么失真波形。

五、实验注意事项

（1）测试静态工作点时，要关闭信号源，电路处于直流工作状态。

（2）实验仪器的接地端要与放大器的接地端接触良好。

（3）用万用表测量 R_W 的值时要关掉直流电源。

（4）测量电压放大倍数时，注意输入和输出电压不能失真。

（5）信号源电压 U_S 和输入电压 U_i 之间串联的电阻 R_S 的值不宜取得过大或过小，以免产生较大的测量误差。通常取 R_S 与 R_i 为同一数量级。

六、实验思考题

（1）调节静态工作点有哪些具体方法？工作点的选择对输出波形有什么影响？

(2)分析单管共射极放大电路输出信号与输入信号反相的原因。

(3)为了稳定静态工作点,往往采用分压式偏置电路 R_{B1}、R_{B2}。从保证晶体管稳定性来说,偏置电阻的阻值不能太大;另一方面,为了减小偏置电路对输入端的分流作用,又需要加大偏置电阻,如何解决这一矛盾?

七、实验报告要求

(1)绘制实验电路原理图,说明电路中各元件的作用。

(2)记录和整理实验测量数据,按要求填入表格,并画出波形。

(3)分析实验数据,说明单管共射极放大电路的特点。

(4)完成实验思考题,写出实验后的心得体会。

任务 2.3　负反馈放大电路的测量

一、实验目的

(1)熟悉负反馈的四种基本类型以及引入负反馈的接线方法。

(2)掌握负反馈对放大电路性能的影响。

(3)学会负反馈放大电路性能指标的测量与调试方法。

(4)通过实验,进一步理解负反馈放大电路的特点。

二、实验器材

(1)模拟电路实验台。

(2)双踪示波器。

(3)单管放大、负反馈两级放大实验电路模块。

(4)三极管 3DG6,电阻、电容若干。

三、实验原理

在放大电路中常常通过引入负反馈网络来改善电路的性能。具体表现为引入负反馈可以提高放大电路的稳定性;可以根据需要引入不同的负反馈来改变输入和输出电阻;可以减小因器件引起的非线性失真以及扩展放大电路的通频带等方面,而这些性能的改善是以牺牲电路的放大倍数为代价的。一般来说,只要是放大器就离不开负反馈网络。负反馈放大器有 4 种组态,即电压串联负反馈、电压并联负反馈、电流串联负反馈、电流并联负反馈。本实验以电压串联负反馈为例,分析负反馈对放大器各项性能指标的影响。

1. 分析负反馈放大电路

图 2-4 所示为具有电压串联负反馈的两级阻容耦合放大电路。VT_1 和 VT_2 组成两级放大电路,由级间耦合电容 C_2 连接。通过 R_f、C_f 将输出电压 U_o 送回输入端,加在 VT_1 的发射极,发射极电阻 R_{F1} 上的电压为反馈电压 U_F,构成电压串联负反馈网络。其作用是稳定了输出电压,提高了输入电阻,降低了输出电阻,同时可以减小非线性失真。负反馈放大电路的主要性能指标有:

1)闭环电压放大倍数 A_{uf}

$$A_{uf} = \frac{A_u}{1 + A_u F_u}$$

式中，$A_u = U_o / U_i$ 为基本放大器（无反馈）的电压放大倍数，即开环电压放大倍数；

$1 + A_u F_u$ 为反馈深度，它的大小决定了负反馈对放大器性能改善的程度。

2）反馈系数 F

反馈信号与输出信号之比称为反馈系数。对于电压串联负反馈来说，其反馈系数为反馈电压与输出电压之比，用 F_u 表示，其大小为

$$F_u = \frac{U_f}{U_o} = \frac{R_{F1}}{R_f + R_{F1}}$$

3）闭环输入电阻 R_{if}

闭环输入电阻是指放大器引入反馈后，从输入端看进去，放大器的等效电阻，称为闭环输入电阻，其大小为

$$R_{if} = (1 + F_u A_u) R_i$$

式中，R_i 为无反馈时基本放大器的输入电阻，即开环输入电阻。

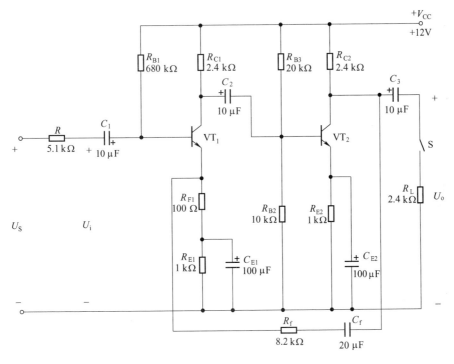

图 2-4　电压串联负反馈的两级阻容耦合放大电路

4）闭环输出电阻 R_{of}

闭环输出电阻是指放大器引入反馈后，从输出端看进去，放大器的等效电阻称为闭环输出电阻，其大小为

$$R_{of} = \frac{R_o}{1 + F_u A_{u0}}$$

式中，R_o 为无反馈时基本放大器的输出电阻；A_{u0} 为基本放大器 $R_L = \infty$（即空载）时的电压放大倍数。

2. 分析基本放大电路

为了了解负反馈在放大电路中的作用,本实验需要测量基本放大电路(无反馈时)的性能指标。怎样实现无反馈而得到基本放大电路呢?不能简单地断开反馈支路,而是要去掉反馈作用,但又要把反馈网络的影响(负载效应)考虑到基本放大电路中。为此进行如下原则处理:

(1)在画基本放大电路的输入回路时,因为是电压负反馈,所以可将负反馈放大电路的输出端交流短路,即令 $u_o = 0$,此时 R_f 相当于并联在 R_{F1} 上。

(2)在画基本放大电路的输出回路时,由于输入端是串联负反馈,因此需要将负反馈放大电路的输入端(VT$_1$ 的发射极)开路,此时 $R_f + R_{F1}$ 相当于并联在输出端。可近似认为 R_f 并联在输出端。

根据上述原则,就可得到所要求的如图 2-5 所示的基本放大电路。

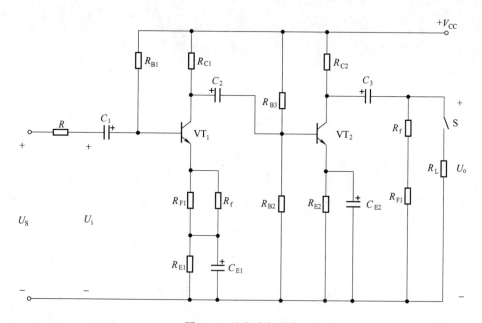

图 2-5   基本放大电路

四、实验内容与步骤

1. 测量负反馈放大电路的静态工作点

(1)按图 2-4 连接实验电路,取直流稳压电源 $V_{CC} = +12$ V。

(2)使输入信号 $U_i = 0$,将第一级、第二级分别调至适合的静态工作点。

(3)用直流电压表分别测量第一级、第二级的静态工作点,记入表 2-8 中。

表 2-8   负反馈放大电路的静态工作点测量值

项 目	U_B/V	U_E/V	U_C/V	I_C/mA
第一级				
第二级				

2. 测试基本放大电路的各项性能指标

将实验电路按图2-5接好，即把R_f断开后并联在R_{F1}和R_L上，其他连线不动。

（1）测量中频电压放大倍数A_u，输入电阻R_i和输出电阻R_o。步骤如下：

①将函数信号发生器输出$f=1\ \text{kHz}$，$U_S=5\ \text{mV}$正弦信号接到图2-5放大电路的输入端。

②闭合S，用示波器观察输出信号u_o波形，在u_o不失真的情况下，用交流毫伏表测量U_S、U_i、U_L，记入表2-9中。

表2-9　基本放大电路、负反馈放大电路的动态参数测量值

基　本放大电路	U_S/mV	U_i/mV	U_L/V	U_o/V	A_u	$R_i/\text{k}\Omega$	$R_o/\text{k}\Omega$
负反馈放大电路	U_S/mV	U_i/mV	U_L/V	U_o/V	A_{uf}	$R_{if}/\text{k}\Omega$	R_{of}/Ω

③保持U_S不变，S断开，即断开负载电阻R_L（注意，R_f不要断开），测量空载时的输出电压U_o，记入表2-9中。

④计算电压放大倍数A_u，输入电阻R_i和输出电阻R_o的值，记入表2-9中。

⑤比较基本放大器和负反馈放大器的动态指标，说明负反馈对放大电路性能的影响。

（2）测量基本放大电路、负反馈放大电路的通频带。步骤如下：

①闭合S接上R_L，保持$U_S=5\ \text{mV}$不变，然后逐渐增加输入信号的频率，直到输出信号的幅值明显减小时，记录此时输入信号的频率，即为上限频率f_H，记入表2-10中。

②逐渐减小输入信号的频率，直到输出信号的幅值明显减小时，记录此时输入信号的频率，即为下限频率f_L，记入表2-10中。

③计算基本放大电路的通频带BW_0，记入表2-10中。

3. 测量负反馈放大电路的各项性能指标

（1）将实验电路恢复为图2-4所示的负反馈放大电路。

（2）适当加大U_S（约10 mV），重复实验内容2中、（1）的②~④，测量负反馈放大电路的A_{uf}、R_{if}和R_{of}，记入表2-9中。

（3）重复测量f_{Hf}、f_{Lf}、BW_f实验步骤，记入表2-10中。

表2-10　基本放大电路、负反馈放大电路的通频带测量值

基　本放大电路	f_L/kHz	f_H/kHz	$BW_0=f_H-f_L/\text{kHz}$
负反馈放大电路	f_{Lf}/kHz	f_{Hf}/kHz	$BW_f=f_{Hf}-f_{Lf}/\text{kHz}$

4. 观察负反馈对非线性失真的改善

（1）实验电路改接成基本放大电路形式，在输入端加入$f=1\ \text{kHz}$的正弦信号，输出端接示波器，逐渐增大输入信号的幅度，使输出波形开始出现失真，记下此时的波形和输出电压的幅度。

（2）将实验电路改接成负反馈放大电路形式，增大输入信号幅度，使输出电压幅度的大小与步骤（1）相同，比较有负反馈时，输出波形的变化。

五、实验注意事项

（1）对于两级电压串联负反馈放大电路（见图 2-4），要得到其对应的基本放大电路时，必须考虑反馈网络对输入和输出电路的负载效应，不能简单地将反馈网络去掉。

（2）放大电路的电压放大倍数与输入信号的频率相关。实验中测量中频电压放大倍数，改变输入信号的频率，其放大倍数下降至中频电压放大倍数的 0.707 倍时，对应的输入信号的频率 f_H 和 f_L 为上下限频率，其差值为放大电路的通频带。

（3）测量静态工作点时，应关闭信号源。另外，仪器的接地端应和放大器的接地端连接在一起。

六、实验思考题

（1）通过本实验，说明负反馈对放大电路性能的影响表现在哪些方面。

（2）将基本放大电路和负反馈放大电路动态参数的实测值和理论估算值列表进行比较。

（3）怎样把负反馈放大电路改接成基本放大电路？为什么要把 R_f 并联在输入端和输出端？

（4）怎样判断放大器是否存在自激振荡？如何进行消振？

七、实验报告要求

（1）分析表 2-9 实验数据，说明负反馈对放大电路放大倍数的影响。

（2）分析表 2-9 实验数据，说明电压串联负反馈对放大电路的输入电阻和输出电阻的影响。

（3）分析表 2-10 实验数据，说明负反馈对放大电路通频带、波形改善的影响。

（4）完成实验思考题，写出实验后的心得体会。

任务 2.4　集成运算放大器的线性应用

一、实验目的

（1）掌握集成运算放大器的基本原理和调试及使用方法。
（2）熟悉集成运算放大器构成的各种运算电路的接线方法。
（3）了解集成运算放大器在实际应用中的一些具体问题。

二、实验器材

（1）模拟电路实验台。
（2）双踪示波器。
（3）集成运放 LM324。

三、实验原理

1. 集成运算放大器简介

集成运算放大器本质上是具有高电压放大倍数、高输入电阻、低输出电阻的直接耦合的多级放大电路,简称"集成运放"。其图形符号如图 2-6(a)所示。

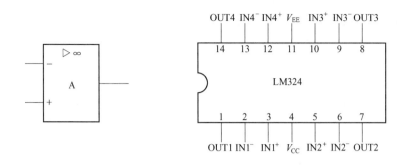

（a）图形符号　　　　　　　　　　（b）引脚功能

图 2-6　集成运算放大器的图形符号及引脚功能

1)集成运放理想化的指标

在大多数情况下,将集成运放视为理想运放,就是将集成运放的各项技术指标理想化。满足下列条件的集成运放称为理想运放。理想运放特性如下:

(1)开环电压增益:$A_{ud} \rightarrow \infty$;

(2)输入阻抗:$R_i \rightarrow \infty$;

(3)输出阻抗:$R_o \rightarrow 0$;

(4)带宽:$BW_f \rightarrow \infty$;

(5)共模抑制比:$K_{CMR} \rightarrow \infty$;

(6)失调与漂移均为零。

2)集成运放的"虚短"与"虚断"

集成运放工作在线性区时(一般要引入深度负反馈)可以构成各种模拟运算电路、正弦波振荡电路等,分析其电路的基本思路是抓住"虚短"和"虚断"两个重要结论。

(1)由于 $A_{ud} \rightarrow \infty$,而 $U_o = A_{ud}(U_+ - U_-)$ 为有限值,说明集成运放两个输入端电位无限接近,相当于短路,实际上又不是真正的短路,称为"虚短"。通俗地说,"虚短"是指反相输入端与同相输入端的电位相等,即 $U_+ = U_-$。

(2)由于 $R_i \rightarrow \infty$,所以流入或流出集成运放两个输入端的电流相等且趋近于零,相当于两输入端与集成运放断路,实际上不是真正的断路,称为"虚断"。通俗地说,"虚断"是指流入或流出反相输入端、同相输入端的电流相等且等于零,即 $i_+ = i_- = 0$。

这两个结论是分析理想运放应用电路的基本原则,可简化集成运放电路的计算。

集成运放 LM324 内部有 4 个集成运放,使用双电源,其引脚功能如图 2-6(b)所示。相比集成运放 μA741,因其各项技术指标接近于理想运放,失调与漂移均为零,所以无须调零,因而无调零端。

2. 集成运放构成的各种运算电路

1)反相比例运算电路

电路如图 2-7 所示。

对于理想运放,该电路的输出电压与输入电压之间的关系为

$$U_o = -\frac{R_f}{R_1}U_i$$

若 $R_f = R_1$，则 $U_o = U_i$，即输出电压与输入电压大小相等，相位相反，称为反相器。

为了减小输入级偏置电流引起的运算误差，在同相输入端应接入平衡电阻 R_2，要求 $R_2 = R_1 // R_f$。

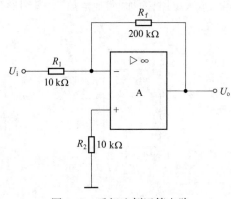

图 2-7　反相比例运算电路

2）同相比例运算电路

图 2-8（a）所示为同相比例运算电路。

它的输出电压与输入电压之间的关系为

$$U_o = \left(1 + \frac{R_f}{R_1}\right) U_i$$

要求 $R_2 = R_1 // R_f$。

不接 R_1 或将 R_f 短路，则 $U_o = U_i$，即得到图 2-8（b）所示的电压跟随器。图 2-8（b）中 $R_2 = R_f$，用以减小漂移和起保护作用。一般 R_f 取 10 kΩ，R_f 太小起不到保护作用，太大则影响跟随性。

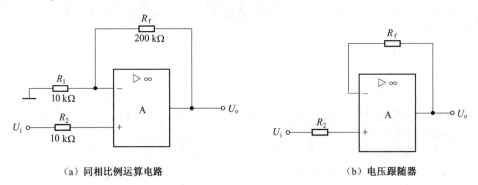

（a）同相比例运算电路　　　　　　　　　　（b）电压跟随器

图 2-8　同相比例运算电路及电压跟随器

3）反相加法电路

电路如图 2-9 所示，输出电压与输入电压之间的关系为

$$U_o = -\left(\frac{R_f}{R_1} U_{i1} + \frac{R_f}{R_2} U_{i2}\right)$$

要求 $R_3 = R_1 // R_2 // R_f$。

当 $R_1 = R_2 = R_f$ 时，$U_o = -(U_{i1} + U_{i2})$，即输出电压的大小为两个输入电压大小的和。

4）差分放大电路（减法器）

对于图 2-10 所示的减法运算电路，当 $R_1 = R_2$，$R_3 = R_f$ 时，有如下关系：

$$U_o = \frac{R_f}{R_1}(U_{i2} - U_{i1})$$

当 $R_1 = R_2 = R_3 = R_f$ 时，$U_o = U_{i2} - U_{i1}$，即输出电压的大小为两个输入电压大小的差。

5）积分运算电路

积分运算电路如图 2-11 所示。在理想化条件下，输出电压 u_o 为

$$u_o(t) = -\frac{1}{R_1 C}\int_0^t u_i \mathrm{d}t + u_C(0)$$

式中，$u_c(0)$ 是 $t=0$ 时刻，电容 C 两端的电压值，即初始值。

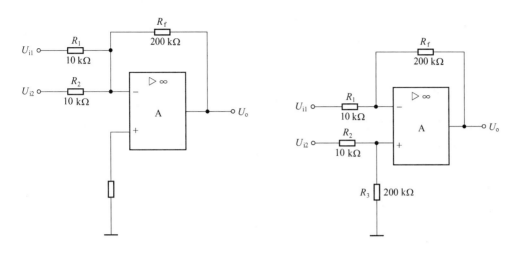

图 2-9　反相加法电路　　　　　　图 2-10　减法运算电路图

如果 $u_i(t)$ 是幅值为 U 的阶跃电压，并设 $u_c(0)=0$，则

$$u_o(t) = -\frac{1}{R_1C}\int_0^t U\mathrm{d}t = -\frac{U}{R_1C}t$$

若输入电压 u_i 为方波，则输出电压 u_o 为三角波。

6）微分运算电路

将积分运算电路中的电阻和电容交换位置，可得到图 2-12 所示的微分运算电路。

其输出电压与输入电压的关系为

$$u_o = -RC\frac{\mathrm{d}u_i}{\mathrm{d}t}$$

若输入电压 u_i 为三角波时，则输出电压 u_o 为方波。

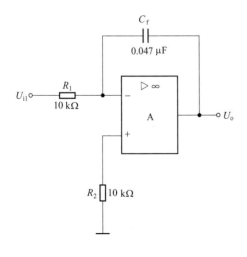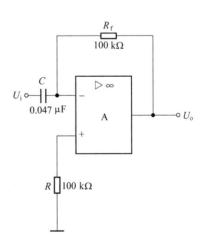

图 2-11　积分运算电路　　　　　　图 2-12　微分运算电路

3. 集成运放构成正弦波振荡器

图 2-13 所示电路中的集成运放 LM324 工作在线性区,电阻 R_1、R_f 构成电压串联负反馈,RC 串并联网络既是选频网络,同时兼作正反馈网络,电路的振荡频率为 $f_0 = 1/2\pi RC$。

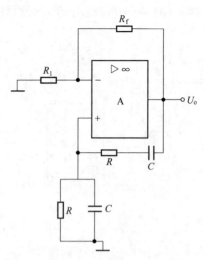

四、实验内容与步骤

1. 测量反相比例运算电路

(1)按图 2-7 连接实验电路。

(2)调节直流稳压电源,使其输出 ±15 V,接在集成运放 LM324 的 4 引脚和 11 引脚,注意极性不要接反。

(3)调节函数信号发生器,使其输出 $f = 1$ kHz,$U_i = 100$ mV 的正弦交流信号。

图 2-13 集成运放构成正弦波振荡器

(4)用交流毫伏表分别测量 U_i 和 U_o,并用示波器观察 u_o 和 u_i 的相位关系,记入表 2-11 中。

表 2-11 反相比例运算电路测量值

U_i/mV	U_o/mV	u_i 波形	u_o 波形	A_u	
				测量值	理论值

2. 测量同相比例运算电路

(1)按图 2-8(a)连接实验电路。调节函数信号发生器,使其输出 $f = 1$ kHz,$U_i = 200$ mV 的正弦交流信号。

(2)用交流毫伏表分别测量 U_i 和 U_o,记入表 2-12 中。

(3)将图 2-8(a)中的 R_1 断开,可得图 2-8(b)所示电路,用交流毫伏表分别测量 U_i 和 U_o,记入表 2-12 中。

(4)将图 2-8(a)中的 R_f 短路,用交流毫伏表分别测量 U_i 和 U_o,记入表 2-12 中。

表 2-12 同相比例运算电路测量值

项 目		U_i/mV	U_o/mV(测量值)	U_o/mV(理论值)
同相比例运算电路				
电压跟随器	$R_1 = \infty$(开路)			
	$R_f = 0$(短路)			

3. 测量反相加法运算电路

（1）按图2-9连接实验电路。

（2）输入信号采用直流信号。图2-14所示电路为简易可调直流信号源，其直流信号电压 U_{i1}、U_{i2} 的幅度在 $-2.5 \sim +2.5$ V 范围内可调节。实验时要注意选择合适的直流信号幅度以确保集成运放工作在线性区。

（3）用直流电压表测量输入电压 U_{i1}、U_{i2} 及输出电压 U_o，记入表2-13中。

4. 测量减法运算电路

（1）按图2-10连接实验电路。

（2）输入信号采用直流信号，实验步骤同测量反相加法运算电路，记入表2-14中。

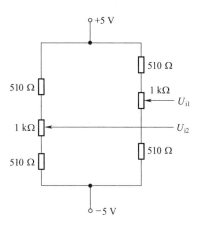

图2-14　简易可调直流信号源

表2-13　反相加法运算电路测量值

U_{i1}/V					
U_{i2}/V					
U_o/V	测量值				
	理论值				

表2-14　减法运算电路测量值

U_{i1}/V					
U_{i2}/V					
U_o/V	测量值				
	理论值				

5. 测量积分运算电路

（1）按图2-11连接实验电路。调节函数信号发生器，使其输出 $f = 1$ kHz，$U_i = 200$ mV 的矩形波信号。

（2）将矩形波信号接在实验电路的输入端 U_i。

（3）将双踪示波器接在实验电路的输入端和输出端，观察 U_i、U_o 的波形及相位关系。

6. 测量微分运算电路

（1）按图2-12连接实验电路。调节函数信号发生器，使其输出 $f = 1$ kHz，$U_i = 200$ mV 的三角波信号。

（2）将三角波信号接在实验电路的输入端 U_i。

（3）将双踪示波器接在实验电路的输入端和输出端，观察 U_i、U_o 的波形及相位关系。

五、实验注意事项

（1）电路输入信号采用直流信号时，要注意选择合适的幅度，以确保集成运放工作在线性区。

（2）使用集成运放前，须先了解各引脚的功能、工作电压，正负电源不能接反。

(3)集成运放的应用电路工作前必须先调零,且调零一定要接成闭环。

六、实验思考题

(1)若要增大集成运放的闭环增益,应如何调整电路参数?
(2)对于双电源供电的集成运放能否用单电源供电?

七、实验报告要求

(1)整理实验数据,填入相应的表格。
(2)将测量值与理论值相比较,分析产生误差的原因。
(3)完成实验思考题,写出实验后的心得体会。

任务 2.5 OTL 功率放大器的探究

一、实验目的

(1)掌握 OTL(无输出变压器)功率放大器的特点和工作原理。
(2)熟悉 OTL 功率放大器静态工作点的调试以及主要性能指标的测试方法。
(3)了解自举电路对 OTL 功率放大器性能的影响。
(4)学会观察交越失真以及克服交越失真的方法。

二、实验器材

(1)模拟电路实验台。
(2)双踪示波器。
(3)万用表。
(4)三极管 3DG6(9011)×2、3DG12(9013)×2、3CG12(9012)×2。
(5)二极管 1N4007、8 Ω 扬声器,电阻、电容若干。

三、实验原理

将输入信号放大并向负载提供足够大功率的放大器称为功率放大器,简称"功放"。其主要考虑如何输出最大不失真功率。功率放大器应具有输出功率够大、效率要高、非线性失真要小等特点。此外,由于功率放大器工作在大信号状态,功放管承受的电压高、电流大、温度高等接近于极限状态,功率放大器必须解决功放管的保护和散热问题。

使用双电源供电的互补对称功率放大器,称为 OCL 功率放大器(又称无输出电容功率放大器)。

使用单电源供电的互补对称功率放大器,称为 OTL 功率放大器(又称无输出变压器功率放大器)。它是一种性能优良的功率放大器,具有频响宽、失真小、输出功率大等优点,且体积小、易集成,当前得到广泛的应用。图 2-15 所示为 OTL 低频功率放大器的实验电路。

1.OTL 低频功率放大器

1)OTL 低频功率放大器介绍

在图 2-15 电路中,由三极管 VT_1 组成推动级(又称前置放大级),VT_2、VT_3 是一对参数对称的 NPN 和 PNP 型三极管,它们组成互补推挽 OTL 功放电路。由于每一个三极管都接成射极输出器形式,因此具有输出电阻低、负载能力强等优点,适合作为功率输出级。VT_1 工作于甲类状态,它的集电极电流 I_{C1} 由电位器 R_{P1} 进行调节。I_{C1} 的一部分流经电位器 R_{P2} 及二极管 VD, 给 VT_2、VT_3 提供偏压。调节 R_{P2},可以使 VT_2、VT_3 得到合适的静态电流而工作于甲、乙类状态,以克服交越失真。静态时要求输出端中点 A 的电位 $U_A = V_{CC}/2$,可以通过调节 R_{P1} 来实现,又由于 R_{P1} 的一端接在 A 点,因此在电路中引入交、直流电压并联负反馈,一方面能够稳定放大器的静态工作点,同时也改善了非线性失真。

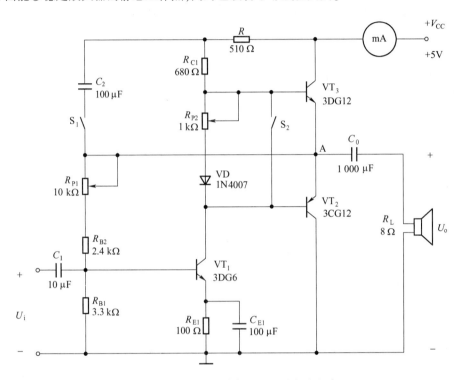

图 2-15　OTL 低频功率放大器的实验电路

2)工作原理

当输入正弦交流信号 u_i 时,经 VT_1 放大、倒相后同时作用于 VT_2、VT_3 的基极,u_i 的负半周使 VT_2 导通(VT_3 截止),有电流通过负载 R_L,同时向电容 C_0 充电,在 u_i 的正半周,VT_3 导通(VT_2 截止),则已充好电的电容 C_0 起着电源的作用,通过负载 R_L 放电,这样在 R_L 上就得到完整的正弦波。

C_2 和 R 构成自举电路,用于提高输出电压正半周的幅度,以得到大的动态范围。

2. OTL 电路的主要性能指标

1)最大不失真输出功率 P_{om}

理想情况下,最大不失真输出功率为

$$P_{om} = \frac{V_{CC}^2}{8R_L}$$

在实验中可通过测量 R_L 两端的电压有效值,求得实际的最大不失真输出功率为

$$P_{om} = \frac{U_o^2}{R_L}$$

2)电源供给功率 P_E

理想情况下,电源供给功率为

$$P_E = \frac{4P_{om}}{\pi}$$

在实验中可通过电源输出的平均电流 I_{dc},求得实际电源供给功率

$$P_E = V_{CC}I_{dc}$$

3)效率 η

负载得到的交变功率与电源供给功率之比称为效率。在最大输出功率时

$$\eta = \frac{P_{om}}{P_E} \times 100\%$$

式中, P_E 为直流电源供给的平均功率。

理想情况下 $\eta = 78.5\%$ 。在实验中,可测量电源供给的平均电流 I_{dc} ,从而求得实际电源供给功率 $P_E = V_{CC}I_{dc}$ 和实际输出功率 $P_{om} = U_o^2/R_L$,再计算实际效率 $\eta = (P_{om}/P_E) \times 100\%$ 。

4)输入灵敏度

输入灵敏度是指输出最大不失真功率时,输入信号 U_i 之值。

此外,还有管耗、频率响应、失真度、噪声电压等性能指标。

3. 集成功率放大器

随着集成工艺的不断发展,出现了集成功率放大器。集成功率放大器包含前置放大到 OCL 功率放大,加上许多相关的附属电路(如保护电路)于一体的功率放大器不断出现,使用方便,成本不高,因而得到广泛应用。

四、实验内容与步骤

1. 测试静态工作点

(1)按图 2-15 连接实验电路,将输入信号旋钮旋至零($u_i = 0$),电源进线中串入直流毫安表,电位器 R_{P2} 置最小值, R_{P1} 置中间位置, S_1 闭合, S_2 断开。

(2)接通+5 V 电源,观察直流毫安表指示,同时用手触摸输出级三极管。若电流过大或三极管温升显著,应立即断开电源检查原因(如 R_{P2} 开路,电路自激或输出管性能不好等)。如无异常现象,可开始调试。

(3)调节电位器 R_{P1} ,用直流电压表测量 A 点电位,使 $U_A = V_{CC}/2 = 2.5$ V。

(4)调整输出级静态电流:

①调节 R_{P2} ,使 VT_2 、 VT_3 的 $I_{C2} = I_{C3} = 5 \sim 10$ mA。从减小交越失真角度而言,应适当加大输出级静态电流,但该电流过大,会使效率降低,所以一般以 $5 \sim 10$ mA 为宜。由于直流毫安表是串联在电源进线中,因此测得的是整个放大器的电流,但一般 VT_1 的集电极电流 I_{C1} 较小,从而可以把测得的总电流近似当作末级的静态电流。如要准确得到末级的静态电流,则可从总电流中减去 I_{C1} 之值。

②调整输出级静态电流的另一方法是动态调试法。先使 $R_{P2} = 0$,在输入端接入 $f = 1$ kHz 的正弦信号 u_i 。逐渐加大输入信号的幅值,此时,输出波形应出现较严重的交越失真(注意:没有饱和及截止失真),然后缓慢增大 R_{P2} ,当交越失真刚好消失时,停止调节 R_{P2} ,恢复 $u_i = 0$,此时直流毫安表读数即为输出级静态电流。一般数值也应为 $5 \sim 10$ mA,如过大,则要检查电路。

(5)测试各级静态工作点。输出级电流调好以后,测量各级静态工作点,记入表 2-15 中。

表 2-15 各级静态工作点的测量值($U_A = 2.5$ V)

项　　目	VT_1	VT_2	VT_3
U_B/V			
U_C/V			
U_E/V			
$I_{C2} = I_{C3}/mA$			

2. 测量最大输出功率 P_{om}、电源供给功率 P_E 和效率 η

(1)测量最大输出功率 P_{om}。步骤如下:

①S_1闭合(加入自举电路),接通信号源使其输出 $f = 1$ kHz 的正弦信号 U_i,接到实验电路的输入端。

②用示波器观察输出电压 u_o 波形。调节信号源逐渐增大 U_i,直到输出波形出现失真。

③输出电压达到最大不失真输出,用交流毫伏表测量 U_i、U_o,记入表 2-16 中,并计算最大输出功率 P_{om}。

④S_1断开(不加自举电路),重复步骤②、③。

(2)测量电源供给功率 P_E。当输出电压为最大不失真输出时,读出直流毫安表的电流值,即为直流电源供给的平均电流 I_{dc},由此可近似求得 $P_E = V_{CC}I_{dc}$。

(3)测量实际效率 η。根据测得的 P_{om},即可求出 $\eta = (P_{om}/P_E) \times 100\%$。将以上结果填入表 2-16 中。

表 2-16 最大输出功率 P_{om}、电源供给功率 P_E 和效率 η 的测量值

项　　目	U_i/mA	U_o/mA	P_{om}/mW	I_{dc}/mA	P_E/mW	P_T/mW	η
加入自举电路							
不加自举电路							

3. 观察交越失真及改善措施

(1)S_2断开,将示波器接在实验电路的输出端,调节信号源,逐渐增大 U_i 直到输出波形欲出现失真。

(2)闭合 S_2,观察输出波形的变化。其原因是_____。

五、实验注意事项

(1)测量静态工作点在调整 R_{P2} 时,要注意旋转方向,不要调得过大,更不能开路,以免损坏输出管。

(2)输出管静态电流调好,如无特殊情况,不得随意旋动 R_{P2} 的位置。

(3)在性能测试过程中,应保持 U_i 为恒定值,且输出波形不得失真。

(4)VT_2、VT_3 必须选用对称性较好的功放管,电源电压不能太高,否则会使 VT_2、VT_3 击穿。

(5)在整个测试过程中,电路不应有自激现象。

六、实验思考题

(1)图 2-15 所示实验电路中,自举电路在什么位置？其作用是什么？

(2)交越失真产生的原因是什么？怎样克服交越失真？

七、实验报告要求

(1)根据实验数据,计算最大输出功率 P_{om}、电源供给功率 P_E 和效率 η,与理论计算值比较,并分析两者差异的原因。

(2)绘制有、无交越失真时的输出波形。

(3)完成实验思考题,写出实验后的心得体会。

任务 3.1　TTL、CMOS 集成门电路的功能及参数测试

一、实验目的

（1）掌握 TTL 和 CMOS 集成门电路逻辑功能及主要参数的测试方法。

（2）熟悉 TTL 和 CMOS 集成门电路的各自特点、使用规则。

二、实验器材

（1）数字电路实验台。

（2）双踪示波器。

（3）集成芯片 74LS20、CC4011。

（4）1 kΩ、10 kΩ 电位器各 1 只，200 Ω 电阻 1 只。

三、实验原理

1. TTL 集成门电路简介

TTL 是晶体管-晶体管逻辑电路的缩写。TTL 集成门电路系列有 74、74H、74S、74AS、74LS、74ALS 等，其芯片多为双列直插式。74LS 系列为低功耗肖特基系列产品，其速度快、功耗低、价格便宜而得到广泛的使用。TTL 集成门电路对电源电压要求较严，电源电压 V_{CC} 只允许在 $5 \times (1 \pm 10\%)$ V 的范围内工作，超过 5.5 V，将损坏器件；低于 4.5 V，器件的逻辑功能将不正常。TTL 集成门，电路输出端一般不允许并联（TTL 三态门除外），也不允许直接接地或接电源。多余输入端一般不要悬空；如果悬空，相当于接高电平逻辑"1"。

2. TTL 集成门电路的功能及参数

本实验采用二 4 与非门 74LS20。集成块内含有两个互相独立的 4 输入与非门。其逻辑符号、引脚排列及内部逻辑电路图如图 3-1 所示。

1）与非门的逻辑功能

与非门的逻辑功能是：当输入端中有一个或一个以上是低电平时，输出端为高电平；只有当输入端全部为高电平时，输出端才是低电平，即有"0"出"1"，全"1"出"0"。

其逻辑表达式为 $Y = \overline{ABCD}$。

2）TTL 与非门的主要参数

（1）低电平输出电源电流 I_{CCL} 和高电平输出电源电流 I_{CCH}。与非门处于不同的工作状态，电源提供的电流是不同的；I_{CCL} 是指所有输入端悬空，输出端空载时，电源提供器件的电流；I_{CCH} 是指输出端空载，每个门各有一个以上的输入端接地，其余输入端悬空，电源提供给器件的电流。通常 $I_{CCL} > I_{CCH}$，它们的大小标志着器件静态功耗的大小。器件的最

大功耗为 $P_{CCL} = V_{CC}I_{CCL}$。手册中提供的电源电流和功耗是指整个器件总的电源电流和总的功耗。

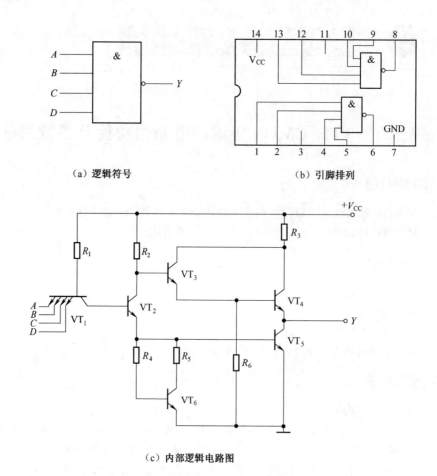

（a）逻辑符号　　　　　　　　　　　　　　　（b）引脚排列

（c）内部逻辑电路图

图 3-1　74LS20 逻辑符号、引脚排列及内部逻辑电路图

（2）低电平输入电流 I_{iL} 和高电平输入电流 I_{iH}：

① I_{iL} 是指被测输入端接地，其余输入端悬空，输出端空载时，由被测输入端流出的电流值。在多级门电路中，I_{iL} 相当于前级门输出低电平时，后级向前级门灌入的电流，因此它关系到前级门的灌电流负载能力，即直接影响前级门电路带负载的个数，因此希望 I_{iL} 小一些。

② I_{iH} 是指被测输入端接高电平，其余输入端接地，输出端空载时，流入被测输入端的电流值。在多级门电路中，I_{iH} 相当于前级门输出高电平时，前级门的拉电流负载，其大小关系到前级门的拉电流负载能力，希望 I_{iH} 小一些。由于 I_{iH} 较小，难以测量，一般免于测试。

（3）扇出系数 N_o。扇出系数 N_o 是指门电路能驱动同类门的个数，它是衡量门电路带负载能力的一个参数。TTL 与非门有两种不同性质的负载，即灌电流负载和拉电流负载，因此有两种扇出系数，即低电平扇出系数 N_{oL} 和高电平扇出系数 N_{oH}。

设与非门输出低电平时，允许 VT_5 最大集电极电流为 $I_{oL(max)}$，每个负载门输入低电平电流为 I_{iL} 时，则输出端外接灌电流负载门的个数 N_{oL} 为

$$N_{oL} = I_{oL(max)} / I_{iL}$$

设与非门输出低电平时允许的最大电流为 $I_{oH(max)}$，每个负载门输入高电平电流为 I_{iH}

时,则输出端外接拉电流负载门的个数 N_{oH} 为

$$N_{oH} = I_{oH(max)} / I_{iH}$$

通常 $I_{iH} < I_{iL}$,则 $N_{oH} > N_{oL}$,故常以 N_{oL} 作为门电路的扇出系数。

(4)电压传输特性。门电路的输出电压 u_o 随输入电压 u_i 而变化的曲线 $U_o = f(U_i)$ 称为门电路的电压传输特性。通过它可读得门电路的一些重要参数,如输出高电平 U_{oH}、输出低电平 U_{oL}、关门电平 U_{off}、开门电平 U_{on}、阈值电平 U_T 及抗干扰容限 U_{NL}、U_{NH} 等值。

(5)平均传输延迟时间 t_{pd}。t_{pd} 是衡量门电路开关速度的参数,t_{pHL} 为导通延迟时间,t_{pLH} 为截止延迟时间,平均传输延迟时间为

$$t_{pd} = \frac{1}{2}(t_{pHL} + t_{pLH})$$

TTL 与非门电路的 t_{pd} 一般为 10~40 ns。

3. CMOS 集成门电路简介

CMOS 集成门电路是将 N 沟道 MOS 晶体管和 P 沟道 MOS 晶体管同时用于一个集成电路中,成为组合两种沟道 MOS 管性能的更优良的集成电路。CMOS 集成门电路的主要优点如下:

(1)功耗低。其静态工作电流在 10^{-9} A 数量级,是目前所有数字集成电路中最低的,而TTL 器件的功耗则大得多。

(2)输入阻抗高。通常大于 10^{10} Ω,远高于 TTL 器件的输入阻抗。

(3)输出逻辑电平的摆幅很大,噪声容限很高。接近理想的传输特性,输出高电平可达电源电压的 99.9% 以上,低电平可达电源电压的 0.1% 以下。

(4)电源电压范围广。可在 3~18 V 范围内正常运行。

(5)扇出系数大。由于有很高的输入阻抗,要求驱动电流很小,约 0.1 μA,输出电流在5 V 电源下约为 500 μA,远小于 TTL 集成门电路。如以此电流来驱动同类门电路,其扇出系数将非常大。在一般低频时,无须考虑扇出系数,但在高频时,后级门的输入电容将成为主要负载,使其扇出能力下降,所以在较高频率工作时,CMOS 集成门电路的扇出系数一般取 10~20。

4. CMOS 集成门电路逻辑功能及参数

尽管 CMOS 集成门电路与 TTL 集成门电路内部结构不同,但它们的逻辑功能完全一样。本实验采用四 2 与非门 CC4011,即集成块内含有 4 个两输入的与非门,其逻辑功能及参数测试方法与 TTL 集成门电路相仿。

5. CMOS 集成门电路的使用规则

由于 CMOS 集成门电路有很高的输入阻抗,这给使用者带来一定的麻烦,即外来的干扰信号很容易在一些悬空的输入端上感应出很高的电压,以致损坏器件。CMOS 集成门电路的使用规则如下:

(1)CC4000 系列的电源允许电压在 3~18 V 范围内选择,实验中一般要求使用 5~15 V。

(2)所有输入端一律不准悬空。闲置输入端的处理方法:

①按照逻辑要求,直接接电源 V_{DD}(与非门)或接地 V_{SS}(或非门)。

②在工作频率不高的电路中,允许输入端并联使用。

③输出端不允许直接与 V_{DD} 或 V_{SS} 连接,否则将导致器件损坏。

④焊接时必须切断电源,电烙铁外壳必须良好接地,或拔下烙铁,靠其余热焊接。

四、实验内容与步骤

1. 验证 TTL 集成与非门 74LS20 的逻辑功能

（1）按图 3-2 连接实验电路,与非门的 4 个输入端接逻辑开关输出插口,以提供"0"与"1"电平信号,开关向上,输出逻辑"1";向下,输出逻辑"0"。

（2）门的输出端接由 LED 发光二极管组成的逻辑电平显示器(又称 0-1 指示器)的显示插口,LED 亮为逻辑"1",不亮为逻辑"0"。

（3）按表 3-1 的真值表逐个测试集成块中两个与非门的逻辑功能。74LS20 有 4 个输入端,有 16 个最小项,在实际测试时,只要通过对输入 1111、0111、1011、1101、1110 五项进行检测就可判断其逻辑功能是否正常。

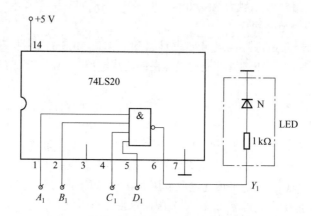

图 3-2　与非门 74LS20 逻辑功能测试电路

表 3-1　74LS20 逻辑功能测试结果

输　　　　入				输　　　出	
A	B	C	D	Y_1	Y_2
1	1	1	1		
0	1	1	1		
1	0	1	1		
1	1	0	1		
1	1	1	0		

2. 测试 74LS20 的主要参数

（1）测试低电平输出电源电流 I_{CCL} 和高电平输出电源电流 I_{CCH}。步骤如下：

①按图 3-3(a)、(b)所示连接实验电路。

②将测试结果填入表 3-2 中。

（2）测试低电平输入电流 I_{iL}。步骤如下：

①按图 3-3(c)所示连接实验电路。

②接通+5 V 电源,读出直流毫安表读数,将测试结果填入表 3-2 中。

（3）测试扇出系数 N_o。步骤如下：

①按图 3-4 所示连接实验电路,门的输入端全部悬空,输出端接灌电流负载 R_L。

②调节 R_L 使 I_{oL} 增大,U_{oL} 随之增高,当 U_{oL} 达到 U_{oLm}(规定低电平标准值为 0.4 V)时,I_{oL}

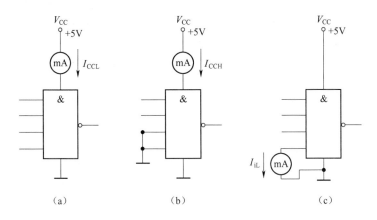

图 3-3　TTL 与非门静态参数测试电路图

就是允许灌入的最大负载电流 $I_{oL(max)}$。

③将测试结果填入表 3-2 中。

表 3-2　74LS20 主要参数的测试结果

$I_{oL(max)}$/mA	I_{iL}/mA	I_{CCL}/mA	I_{CCH}/mA	$N_{oL} = I_{oL(max)} / I_{iL}$

（4）测试电压传输特性。步骤如下：

①按图 3-5 所示连接实验电路。

②调节 R_w，使 U_i 从零向高电平逐渐增大，测得 U_i 和 U_o 的对应值，记入表 3-3 中。

③绘制电压传输特性曲线，即 U_o-U_i 曲线。

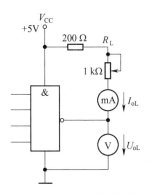

图 3-4　扇出系数测试电路

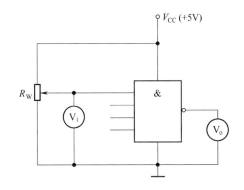

图 3-5　电压传输特性测试电路

表 3-3　74LS20 电压传输特性的测试值

U_i/V	0	0.2	0.4	0.6	0.8	1.0	1.5	2.0	2.5	3.0	3.5	4.0	…
U_o/V													

3. 测试 CMOS 与非门 CC4011 的主要参数

（1）熟悉 CMOS 与非门 CC4011 的引脚排列及功能。

（2）测试 CC4011 一个门的 I_{oL}、I_{oH}、I_{iL}。（测试方法与 TTL 集成门电路相同。）

（3）将其中一个输入端作为信号输入端，另一个输入端接逻辑高电平，测试芯片 CC4011 一个门的电压传输特性。（测试方法与 TTL 集成门电路相同。）

4. 测试 CMOS 与非门 CC4011 的逻辑功能

（1）CMOS 与非门 CC4011 的输入 A、B 接逻辑开关的输出插口，其输出 Y 接至逻辑电平显示器输入插口。

（2）拨动逻辑电平开关，逐个测试各门的逻辑功能，并记入表 3-4 中。

表 3-4　与非门 CC4011 逻辑功能的测试结果

输　　入		输　　　出			
A	B	Y_1	Y_2	Y_3	Y_4
0	0				
0	1				
1	0				
1	1				

5. 观察与非门、与门、或非门对脉冲的控制作用

（1）选用与非门 CC4011（见图 3-6）或 74LS20，按图 3-7（a）、（b）接线。

（2）将一个输入端接连续脉冲源（$f = 20 \text{ kHz}$），用示波器观察两种电路的输出波形。

（3）测定"与非门"和"或非门"对连续脉冲的控制作用。

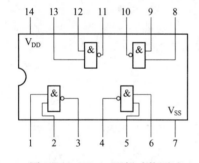

图 3-6　CC4011 逻辑功能测试

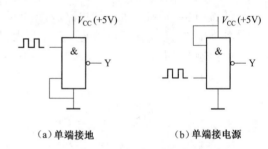

（a）单端接地　　　　（b）单端接电源

图 3-7　与非门对脉冲的控制作用

五、实验注意事项

（1）CMOS 器件的 V_{DD} 接电源正极，V_{SS} 接电源负极（通常接地⊥），不得接反。

（2）在装接 CMOS 电路，改变电路连接或插、拔电路时，均应切断电源，严禁带电操作。

（3）在整个测试过程中，所有的测试仪器必须良好接地。

六、实验思考题

（1）两输入的或非门，一输入端接连续脉冲，另一输入端接地或接电源时，输出会怎么样？

（2）比较 TTL 集成门电路与 CMOS 集成门电路的性能主要优缺点和使用方法有何不同？

七、实验报告要求

(1)简述图3-1中TTL二4与非门74LS20内部电路的工作原理。

(2)记录实验数据,整理实验表格,分析实验结果。

(3)完成实验思考题,写出实验后的心得体会。

任务3.2　组合逻辑电路设计与测试

一、实验目的

(1)掌握中小规模组合逻辑电路的设计与测试方法。

(2)熟悉常用中小规模集成芯片的功能及应用。

(3)学会使用与非门构成各种小规模组合逻辑电路。

二、实验器材

(1)数字电路实验台。

(2)四2与非门74LS00、二4与非门74LS20、其他TTL集成芯片。

三、实验原理

使用中、小规模集成电路来设计最常见的组合逻辑电路。本实验使用含有4个2输入的与非门74LS00、含有2个4输入的与非门74LS20以及其他TTL集成芯片来完成组合逻辑电路的设计,74LS00、CC4011的逻辑框图及引脚排列如图3-8所示。

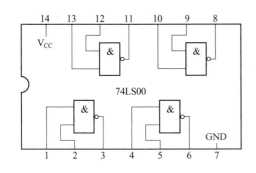
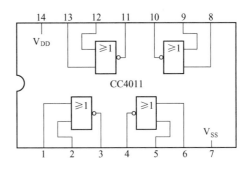

图3-8　74LS00、CC4011的逻辑框图及引脚排列

1. 组合逻辑电路设计步骤

(1)根据设计要求建立输入、输出变量,并给其赋值,列出真值表。

(2)由真值表写出逻辑函数表达式。

(3)用代数法或卡诺图化简法求出简化的逻辑表达式。

(4)按实际选用逻辑门的类型,修改逻辑表达式。

(5)画出逻辑图,用标准器件构成逻辑电路。

(6)用实验来验证设计的正确性。

2. 用与非门来实现其他逻辑运算

(1)与运算:$Y = A \cdot B = \overline{\overline{AB}}$。

(2)或运算：$Y = A + B = \overline{\overline{A} \cdot \overline{B}}$。

(3)非运算：$Y = \overline{A}$。

(4)异或运算：$Y = A \oplus B = \overline{\overline{A \cdot \overline{AB}} \cdot \overline{B \cdot \overline{AB}}}$。

3. 组合逻辑电路的设计举例

用与非门设计一个半加器。所谓半加器,是实现两个 1 位二进制数相加的逻辑电路,因不考虑来自低位的进位,所以称为半加器。它有两个输入端,分别为两个加数 A、B;两个输出端分别为和值 S 与进位 C 输出端,其图形符号如图 3-9(a)所示。

(1)根据二进制加法规则,列出半加器的真值表,见表 3-5。

表 3-5　半加器的真值表

输　　　入		输　　　出	
A	B	S	C
0	0	0	0
0	1	1	0
1	0	1	0
1	1	0	1

(2)写出逻辑函数的最小项表达式：

和值函数：$S = \overline{A} \cdot B + A \cdot \overline{B}$。

进位函数：$C = A \cdot B$。

上面两式已经是最简与或表达式。

(3)将两式变换为与非–与非表达式：

和值函数：$S = \overline{\overline{A \cdot \overline{AB}} \cdot \overline{B \cdot \overline{AB}}}$。

进位函数：$C = \overline{\overline{AB}}$。

(4)画出逻辑电路图如图 3-9(b)所示。

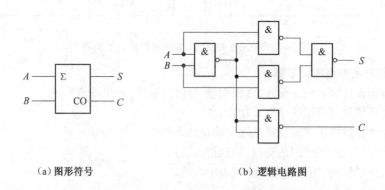

　　(a)图形符号　　　　　　　　　　(b)逻辑电路图

图 3-9　半加器的逻辑电路图及逻辑符号

四、实验内容与步骤

1. 用74LS00 与非门分别实现与门、或门、非门电路

(1)按照实验原理2 中(1)~(3)的内容,用与非门画出各门的逻辑电路图。

(2)根据引脚各自的与非关系连接实验电路,并将最初的输入端接逻辑电平的输出插口,最终的输出端接逻辑电平显示器的输入插口。

(3)14 引脚接+5 V 电源,7 引脚接地,对照与门、或门、非门的逻辑功能,验证逻辑电路是否正确。

2. 测试异或门的逻辑功能

(1)画出与非门构成异或门的逻辑电路,如图3-9(b)所示。

(2)对照74LS00 的引脚功能,自拟测试实验电路,并连接。

(3)按表3-5 中所给的输入逻辑电平,将测试结果填入表3-6 中。

表3-6　异或门逻辑功能的测试

输　　入		输　　出
A	B	Y
0	0	
0	1	
1	0	
1	1	

3. 设计一个三人表决电路

设计一个三人表决电路,三人(用变量 A、B、C 表示)表决某提案,要求:

(1)少数服从多数;

(2)有否决权。列出真值表,写出逻辑函数式,画出逻辑电路图,并用二4 与非门74LS20 实现该逻辑电路。

4. 设计一个全加器,实现两个1 位二进制数相加

设计一个全加器,实现两个1 位二进制数相加,并考虑来自低位的进位的逻辑电路。列出真值表,写出逻辑函数式,画出逻辑电路图。说明用什么芯片实现该逻辑电路。

五、实验注意事项

(1)用二4 与非门74LS20 实现三输入逻辑电路时,多余输入端不要悬空,可以接电源。

(2)所有 TTL 集成门电路使用的电源电压必须为+5 V。而 CC4000 系列集成门电路的电源电压可在3~18 V 范围内选择。

(3)切换电路、插拔元器件时应先关掉电源。

六、实验思考题

(1)能否用4 个全加器设计一个4 位加法器实现两个4 位二进制数相加?画出逻辑电路图。

(2)总结组合逻辑电路的特点及分析和设计方法。

七、实验报告要求

(1)按要求完成实验设计任务,写出设计心得。

(2)完成实验思考题,写出实验后的心得体会。

任务 3.3　触发器逻辑功能测试及应用

一、实验目的

(1)掌握基本 RS 触发器的组成、工作原理、逻辑功能及性能。
(2)掌握集成 JK 触发器和 D 触发器的逻辑功能及其测试、使用方法。
(3)熟悉各种功能触发器之间的转换方法。

二、实验器材

(1)数字电路实验台。
(2)双踪示波器。
(3)四 2 与非门 74LS00(或 CC4011)×2。
(4)集成双 JK 触发器 74LS112 (或 CC4027)。
(5)集成双 D 触发器 74LS74(或 CC4013)。

三、实验原理

触发器具有两个稳定状态,用以表示逻辑状态"1"和"0"。几乎所有的触发器都有两个逻辑上互补输出端 Q 与 $\bar{Q}$。通常把 $Q=0$、$\bar{Q}=1$ 的状态定为触发器"0"状态;而把 $Q=1$,$\bar{Q}=0$ 的状态定为触发器"1"状态。在一定的外界信号作用下,可以从一个稳定状态翻转到另一个稳定状态。在逻辑电路中,触发器是一个具有记忆功能的二进制信息存储器件,是构成各种时序电路的最基本逻辑单元。利用触发器可以构成计数器、分频器、寄存器、时钟脉冲控制器等。根据逻辑功能的不同,触发器可分为 RS 触发器、JK 触发器、D 触发器等;根据触发方式的不同,触发器又分为电平触发器、边沿触发器、主从触发器等。

1. 基本 RS 触发器

图 3-10 所示为由两个与非门交叉耦合构成的基本 RS 触发器,它是无时钟控制低电平直接触发的触发器。基本 RS 触发器具有置"0"、置"1"和"保持"三种功能。通常称 $\bar{S}$ 为置"1"端,因为 $\bar{S}=0(\bar{R}=1)$ 时触发器被置"1";$\bar{R}$ 为置"0"端,因为 $\bar{R}=0(\bar{S}=1)$ 时触发器被置"0",当 $\bar{S}=\bar{R}=1$ 时,状态保持;当 $\bar{S}=\bar{R}=0$ 时,触发器状态不定,应避免此种情况发生。表 3-7 为基本 RS 触发器的功能表。

基本 RS 触发器也可以用两个"或非门"组成,此时为高电平触发有效。

本实验用与非门 74LS00 构成基本 RS 触发器。

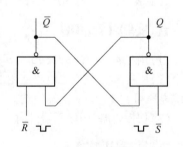

图 3-10　基本 RS 触发器

2. JK 触发器

在输入信号为双端的情况下,JK 触发器是功能完善、使用灵活和通用性较强的一种触发器。本实验采用74LS112 双 JK 触发器,它是下降沿触发的边沿触发器。引脚排列及图形符号如图 3-11 所示。

表 3-7　基本 RS 触发器的功能表

输　　入		输　　出	
$\overline{S}$	$\overline{R}$	Q^{n+1}	$\overline{Q}^{n+1}$
0	1	1	0
1	0	0	1
1	1	Q^n	$\overline{Q}^n$
0	0	不定	不定

JK 触发器的状态方程为

$$Q^{n+1} = J\overline{Q}^n + \overline{K}Q^n$$

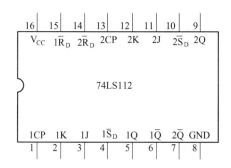　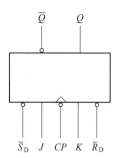

图 3-11　74LS112 双 JK 触发器引脚排列及图形符号

74LS112 双 JK 触发器的功能见表 3-8。JK 触发器常被用作缓冲存储器、移位寄存器和计数器。

表 3-8　74LS112 双 JK 触发器的功能表

输　　入					输　　出		功能说明
$\overline{R}_D$	$\overline{S}_D$	J	K	CP	Q^{n+1}	$\overline{Q}^{n+1}$	
0	1	×	×	×	0	1	异步置 0
1	0	×	×	×	1	0	异步置 1
1	1	0	0	↓	Q^n	$\overline{Q}^n$	保持
1	1	0	1	↓	0	1	置 0
1	1	1	0	↓	1	0	置 1
1	1	1	1	↓	$\overline{Q}^n$	Q^n	计数（翻转）
1	1	×	×	1	Q^n	$\overline{Q}^n$	保持
0	0	×	×	×	不定	不定	不允许

3. D 触发器

在输入信号为单端的情况下，D 触发器用起来最为方便，其状态方程为

$$Q^{n+1} = D^n$$

其输出状态的更新发生在 CP 脉冲的上升沿,故又称上升沿触发的边沿触发器。D 触发器的状态只取决于时钟到来前 D 端的状态,D 触发器的应用很广,可用作数字信号的寄存、移位寄存、分频和波形发生等。有很多种型号,可满足各种用途的需要,如双 D 触发器 74LS74、四 D 触发器 74LS175、六 D 触发器 74LS174 等。

图 3-12 为双 D 触发器 74LS74 的引脚排列及图形符号,其功能见表 3-9。

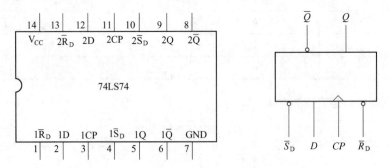

图 3-12　双 D 触发器 74LS74 的引脚排列及图形符号

表 3-9　双 D 触发器 74LS74 的功能表

输　入				输　出		功能说明
$\overline{R}_D$	$\overline{S}_D$	D	CP	Q^{n+1}	$\overline{Q}^{n+1}$	
0	1	×	×	0	1	异步置0
1	0	×	×	1	0	异步置1
1	1	0	↑	0	1	置0
1	1	1	↑	1	0	置1
1	1	×	0	Q^n	$\overline{Q}^n$	保持
0	0	×	×	不定	不定	不允许

4. 触发器之间的相互转换

在集成触发器的产品中,每一种触发器都有自己固定的逻辑功能。但可以利用转换的方法获得具有其他功能的触发器。例如,将 JK 触发器的 J、K 两端连在一起,并认它为 T 端,就得到所需的 T 触发器,如图 3-13(a)所示,其状态方程为

$$Q^{n+1} = T\overline{Q}^n + \overline{T}Q^n$$

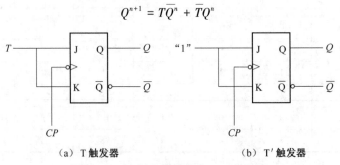

（a）T 触发器　　　　　　（b）T′触发器

图 3-13　JK 触发器转换为 T、T′触发器

由 T 触发器的功能表(见表 3-10)可见,当 $T=0$ 时,时钟脉冲作用后,其状态保持不变;当 $T=1$ 时,时钟脉冲作用后,触发器状态翻转。所以,若将 T 触发器的 T 端置"1",如

图 3-13(b)所示,即得 T′触发器。在 T′触发器的 CP 端每来一个 CP 脉冲信号,触发器的状态就翻转一次,触发器处于计数状态。因此,T′触发器广泛用于计数电路中。

表 3-10 T 触发器的功能表

输 入				输 出
$\overline{S}_D$	$\overline{R}_D$	CP	T	Q^{n+1}
0	1	×	×	1
1	0	×	×	0
1	1	↓	0	Q^n
1	1	↓	1	$\overline{Q}^n$

同样,若将 D 触发器 $\overline{Q}$ 端与 D 端相连,便转换成 T′触发器,如图 3-14 所示。

JK 触发器也可转换为 D 触发器,如图 3-15 所示。

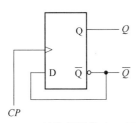

图 3-14 D 触发器转换为 T′触发器

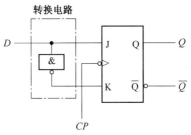

图 3-15 JK 触发器转换为 D 触发器

5. CMOS 触发器

1) CMOS 边沿型 D 触发器

CC4013 是由 CMOS 传输门构成的边沿型 D 触发器。它是上升沿触发的双 D 触发器,表 3-11 为其功能表,图 3-16 为其引脚排列。

表 3-11 CMOS 边沿型 D 触发器的功能表

输 入				输 出
S	R	CP	D	Q^{n+1}
1	0	×	×	1
0	1	×	×	0
1	1	×	×	不定
0	0	↑	0	0
0	0	↑	1	1

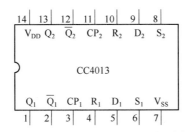

图 3-16 CMOS 边沿型 D 触发器引脚排列

2）CMOS 边沿型 JK 触发器

CC4027 是由 CMOS 传输门构成的边沿型 JK 触发器，它是上升沿触发的双 JK 触发器，表 3-12 为其功能表，图 3-17 为其引脚排列。

表 3-12　CMOS 边沿型 JK 触发器的功能表

输　入					输　出
S	R	CP	J	K	Q^{n+1}
1	0	×	×	×	1
0	1	×	×	×	0
1	1	×	×	×	不定
0	0	↑	0	0	Q^n
0	0	↑	0	1	0
0	0	↑	1	0	1
0	0	↑	1	1	$\overline{Q}^n$

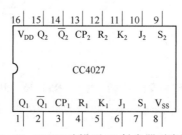

图 3-17　CMOS 边沿型 JK 触发器引脚排列

由功能表可知，CMOS 触发器的直接置位、复位输入端 S 和 R 是高电平有效，当 $S=1$（或 $R=1$）时，触发器将不受其他输入端所处状态的影响，使触发器直接置 1（或置 0）。但直接置位、复位输入端 S 和 R 必须遵守 $RS=0$ 的约束条件。CMOS 触发器在按逻辑功能工作时，S 和 R 必须均置 0。

四、实验内容与步骤

1. 测试基本 RS 触发器的逻辑功能

（1）按图 3-10 所示电路，用 74LS00 的两个与非门组成一个基本 RS 触发器。

（2）输入端 R、S 接逻辑开关的输出插口，输出端 Q、$\overline{Q}$ 接逻辑电平显示输入插口。

（3）按表 3-13 要求测试，将记录结果填入表中。注意观察触发器的状态变化，总结基本 RS 触发器的逻辑功能。

表 3-13　基本 RS 触发器逻辑功能表

R	S	Q^n	Q^{n+1}
0	0	0	
0	0	1	
0	1	0	

续表

R	S	Q^n	Q^{n+1}
0	1	1	
1	0	0	
1	0	1	
1	1	0	
1	1	1	

2. 测试双 JK 触发器 74LS112 的逻辑功能

(1)测试 $\overline{R}_D$、$\overline{S}_D$ 的复位、置位功能。步骤如下：

①将双 JK 触发器 74LS112 的 $\overline{R}_D$、$\overline{S}_D$、J、K 端接逻辑开关输出插口,CP 端接手动单次脉冲源,Q、$\overline{Q}$ 端接至逻辑电平显示输入插口。

②改变 $\overline{R}_D$,$\overline{S}_D$(J、K、CP 处于任意状态),并在 $\overline{R}_D=0$($\overline{S}_D=1$)或 $\overline{S}_D=0$($\overline{R}_D=1$)作用期间任意改变 J、K 及 CP 的状态,观察 Q、$\overline{Q}$ 的状态。

③将实验结果填入表 3-14 中。

表 3-14　双 JK 触发器 74LS112 逻辑功能的测试结果

CP	J	K	$\overline{R}_D$	$\overline{S}_D$	Q^{n+1}	功能
×	×	×	0	0		
×	×	×	0	1		
×	×	×	1	0		
×	×	×	1	1		

(2)测试 JK 触发器的逻辑功能。步骤如下：

①将 74LS112 中一组触发器的 $\overline{R}_D$、$\overline{S}_D$ 置1。

②CP 端接在手动单次脉冲信号源输出插孔,触发器的输入端 J、K 接入逻辑电平控制开关,输出端 Q 接逻辑电平显示器。

③按照表 3-15 的要求,测试输出端 Q^{n+1} 的逻辑电平,填入表 3-15 中。

④注意观察触发器输出端 Q^{n+1} 的状态在 CP 脉冲的什么时刻变化。

表 3-15　JK 触发器逻辑功能的测试结果

J	0	0	0	0	1	1	1	1
K	0	0	1	1	0	0	1	1
Q^n	0	1	0	1	0	1	0	1
CP	↑ ↓	↑ ↓	↑ ↓	↑ ↓	↑ ↓	↑ ↓	↑ ↓	↑ ↓
Q^{n+1}								

(3)将 JK 触发器的 J、K 端连在一起,构成 T 触发器。

①J、K 端连在一起接入逻辑电平控制开关。

②在 CP 端输入 1 Hz 连续脉冲,用双踪示波器观察 CP、Q 端波形,注意相位关系。

3. 测试双 D 触发器 74LS74 的逻辑功能

(1)测试 $\overline{R}_D$、$\overline{S}_D$ 的复位、置位功能。测试方法同实验内容 2,自拟表格记录测试结果。

(2)测试 D 触发器的逻辑功能。步骤如下:

①将 74LS74 中一组触发器的 $\overline{R}_D = \overline{S}_D$ 置 1。

②CP 端接在手动单次脉冲信号源输出插孔,触发器的输入端 J、K 接入逻辑电平控制开关,输出端 Q 接逻辑电平显示器。

③按表 3-16 要求进行测试,并观察触发器状态更新是否发生在 CP 脉冲的上升沿(即 0→1),将测试结果填入表 3-16 中。

表 3-16   双 D 触发器 74LS74 逻辑功能的测试结果

D	Q^n		CP	Q^{n+1}
0	0		0→1	
			1→0	
	1		0→1	
			1→0	
1	0		0→1	
			1→0	
	1		0→1	
			1→0	

(3)将 D 触发器的 $\overline{Q}$ 端与 D 端相连接,构成 T′触发器。测试方法同实验内容 2,自拟表格记录测试结果。

五、实验注意事项

(1)注意触发器功能测试的时序。

(2)注意实验操作中正确处理 RS 触发器的"不定状态"。

六、实验思考题

(1)分析基本 RS 触发器、JK 触发器、D 触发器不同的逻辑功能,思考它们的触发方式有什么不同?

(2)采用双 D 触发器 74LS74 设计乒乓球练习电路,两个 CP 端触发脉冲分别由两名运动员操作,两触发器的输出状态用逻辑电平显示器显示。电路功能要求:模拟两名运动员在练球时,乒乓球能往返运转。

七、实验报告要求

(1)查阅相关资料,了解 74LS00(或 CC4011)、74LS112(或 CC4027)、74LS74(或 CC4013)的逻辑功能及使用要求。

(2)完成实验表格,分析实验结果,整理各类触发器的逻辑功能。

(3)完成实验思考题,写出实验后的心得体会。

任务 3.4 计数器的应用

一、实验目的

(1)掌握计数器的组成及工作原理。
(2)熟悉集成计数器的逻辑功能及使用方法。
(3)学会用集成计数器构成 N 进制计数器及级联成多位计数器。

二、实验器材

(1)数字电路实验台。
(2)集成 D 触发器 74LS74×2。
(3)同步十进制可逆计数器 CC40192×2。
(4)二 4 与非门 74LS00、七段共阴极显示器、七段译码驱动器 74LS48。

三、实验原理

计数器是用来统计脉冲个数的电路,主要由触发器构成。计数器累计输入脉冲的最大数目称为计数器的模,常用 M 表示。如 $M=6$ 的计数器称为六进制计数器。计数器的模通常为电路的有效状态。计数器的种类繁多、特点各异。按计数进制来分,有二进制计数器、十进制计数器和任意进制计数器;按计数增减来分,有加法计数器、减法计数器和加/减法计数器;按计数器中触发器翻转是否同步来分,有异步计数器和同步计数器。计数器除了用于计数、分频外,还广泛用于数字测量、运算和控制等。集计数、译码和显示等功能于一体的集成计数器得到最为广泛的应用。

1. 用 D 触发器构成二进制计数器

如图 3-18 所示电路,是由 D 触发器构成的 4 位二进制加法计数器。每个触发器接成 $D=\overline{Q^n}$ 的计数状态,且在 CP 脉冲的上升沿翻转,低位触发器的输出 $\overline{Q^n}$ 作为相邻高位触发器的 CP 脉冲。首先 $\overline{CR}=0$ 时,各触发器为 0(清零),即 $Q_3Q_2Q_1Q_0=0000$。第一个 CP 脉冲(简称 CP_1)加在 FF_0 的 CP 端,其下降沿到达时,Q_0 就翻转一次(0 变为 1),而其他触发器 FF_1、FF_2、FF_3 的状态不变,即 $Q_3Q_2Q_1Q_0=0001$,此时的输出作为 FF_1 的 CP 脉冲;CP_2 的下降沿到达时,Q_0 又翻转一次(1 变为 0),而 Q_1 也同时翻转(0 变为 1),又作为 FF_2 的 CP 脉冲,FF_2、FF_3 的状态不变,即 $Q_3Q_2Q_1Q_0=0010$。依次类推,CP_3 的下降沿到达时 $Q_3Q_2Q_1Q_0=0011$ ……CP_{15} 的下降沿到达时 $Q_3Q_2Q_1Q_0=1111$,同时与非门输出高电平给一个进位信号。CP_{16}

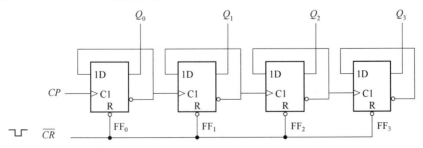

图 3-18 由 D 触发器构成的 4 位二进制加法计数器

的下降沿到达时 $Q_3Q_2Q_1Q_0 = 0000$。工作波形如图3-19所示。如果将低位触发器的 Q 端与高一位的 CP 端相连接,即构成了一个4位二进制减法计数器。

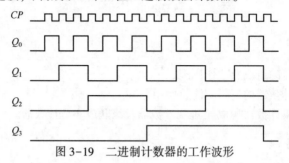

图 3-19　二进制计数器的工作波形

2. 中规模十进制计数器

CC40192是同步十进制可逆计数器,具有双时钟输入,并具有清除和置数功能,其引脚排列及图形符号如图3-20所示。

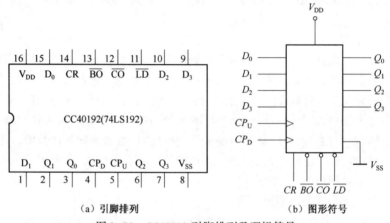

（a）引脚排列　　　　　　　　　　（b）图形符号

图 3-20　CC40192引脚排列及逻辑符号

图3-20中 $\overline{LD}$ 为置数端;CP_U 为加计数端;CP_D 为减计数端;$\overline{CO}$ 为非同步进位输出端;$\overline{BO}$ 为非同步借位输出端;D_0、D_1、D_2、D_3 为计数器输入端;Q_0、Q_1、Q_2、Q_3 为数据输出端;CR 为清零端。

CC40192(同74LS192,二者可替换使用)的功能见表3-17。

表 3-17　CC40192 的功能表

输　　入								输　　出			
CR	$\overline{LD}$	CP_U	CP_D	D_3	D_2	D_1	D_0	Q_3	Q_2	Q_1	Q_0
1	×	×	×	×	×	×	×	0	0	0	0
0	0	×	×	d	c	b	a	d	c	b	a
0	1	↑	1	×	×	×	×	加法计数			
0	1	1	↑	×	×	×	×	减法计数			

(1)当清零端 CR 为高电平“1”时,计数器直接清零;CR 置低电平“0”时,则执行其他功能。

(2)当 CR 为低电平,置数端 $\overline{LD}$ 也为低电平时,数据直接从计数器输入端 D_0、D_1、D_2、D_3

置入计数器。

（3）当 CR 为低电平, $\overline{LD}$ 为高电平时,执行计数功能。

①执行加法计数时,减计数端 CP_D 接高电平,计数脉冲由 CP_U 输入;在计数脉冲上升沿进行 8421 码十进制加法计数。

②执行减法计数时,加计数端 CP_U 接高电平,计数脉冲由 CP_D 输入,在计数脉冲上升沿进行 8421 码十进制加法计数。

3. 计数器的级联使用

一个十进制计数器只能表示 0~9 十个数,为了扩大计数器范围,常用多个十进制计数器级联使用。

同步计数器一般设有进位(或借位)输出端,故可选用其进位(或借位)输出信号驱动下一级计数器。

图 3-21 是由 CC40192 利用进位输出 $\overline{CO}$ 控制高一位的 CP_U 端构成的加计数级联电路图。

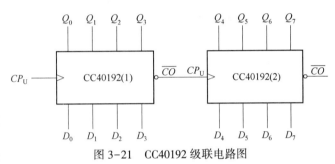

图 3-21 CC40192 级联电路图

4. 实现任意进制计数

假定已有 N 进制计数器,而需要得到一个 M 进制计数器时,只要 $M<N$,用置零法或置数法可以使计数器计数到某一状态时,置入零或某一数码,使计数器的有效状态为 M 个,即获得 M 进制计数器。

1）用 CC40192 的异步置零功能获得十以内任意进制计数器

图 3-22 所示为一个由 CC40192 十进制计数器接成的六进制计数器。当计数器的输出状态 $Q_3Q_2Q_1Q_0=0110$ 时,通过与门输出高电平,使清零端 $CR=1$,(异步清零,不需要等下一个 CP 到来)计数器状态为 $Q_3Q_2Q_1Q_0=0000$,因此 0110 为无效状态。计数器的六个有效状态为 0000→0001→0010→0011→0100→0101→0000……

2）用 CC40192 的同步置数功能获得十以内任意进制计数器

图 3-23 所示为一个由 CC40192 十进制计数器接成的六进制计数器。当计数器的输出状态 $Q_3Q_2Q_1Q_0=0111$ 时,通过与非门输出低电平,使置数端 $\overline{LD}=0$,计数器为同步置数,需等下一个 CP 到来,计数器状态为 $Q_3Q_2Q_1Q_0=0010$,因此 0111 为有效状态。计数器的六个有效状态为 0010→0011→0100→0101→0110→0111→0010……

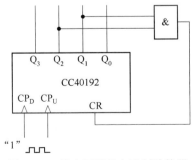

图 3-22 异步置零的六进制计数器

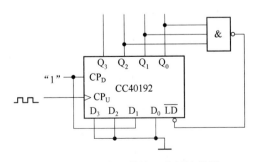

图 3-23 同步置数的六进制计数器

四、实验内容与步骤

1. 用 CC4013 或 D 触发器 74LS74 构成 4 位二进制异步加法计数器

(1) 按图 3-18 接线，$\overline{R_D}$ 接至逻辑开关输出插口，将低位 CP_0 端接单次脉冲源，输出端 Q_3、Q_2、Q_3、Q_0 接逻辑电平显示输入插口，各 $\overline{S_D}$ 接高电平"1"。

(2) 清零后，逐个送入单次脉冲，观察并列表记录 $Q_3 \sim Q_0$ 的状态。

(3) 将单次脉冲改为 1 Hz 的连续脉冲，观察 $Q_3 \sim Q_0$ 的状态。

(4) 将 1 Hz 的连续脉冲改为 1 kHz，用双踪示波器观察 CP、Q_3、Q_2、Q_1、Q_0 的波形，并描绘波形。

(5) 将图 3-18 电路中的低位触发器的 Q 端与高一位的 CP 端相连接，构成减法计数器，重复上述步骤 (2) ~ (4) 进行实验，观察并列表记录 $Q_3 \sim Q_0$ 的状态。

2. 测试 CC40192 或 74LS192 同步十进制可逆计数器的逻辑功能

(1) 计数脉冲由单次脉冲源提供，清零端 CR、置数端 $\overline{LD}$、数据输入端 D_3、D_2、D_1、D_0 分别接逻辑开关。

(2) 输出端 Q_3、Q_2、Q_1、Q_0 接实验设备的一个译码显示输入插口 A、B、C、D；$\overline{CO}$ 和 $\overline{BO}$ 接逻辑电平显示插口。

(3) 按表 3-17 逐项测试并判断该集成块的功能是否正常。

① 清零：令 $CR = 1$，其他输入为任意态，这时 $Q_3 Q_2 Q_1 Q_0 = 0000$，译码数字显示为 0。清零功能完成后，CR 置 0。

② 置数：$CR = 0$，CP_U、CP_D 任意，数据输入端输入任意一组二进制数，令 $\overline{LD} = 0$，观察计数译码显示输出，预置功能完成，此后置 $\overline{LD} = 1$。

③ 加法计数：$CR = 0$，$\overline{LD} = CP_D = 1$，CP_U 接单次脉冲源。清零后送入 10 个单次脉冲，观察译码数字显示是否按 8421 码十进制状态转换表进行；输出状态变化是否发生在 CP_U 的上升沿。

④ 减法计数：$CR = 0$，$\overline{LD} = CP_U = 1$，CP_D 接单次脉冲源。参照上述③进行实验。

3. 用两片 CC40192 组成 2 位十进制加/减法计数器

(1) 如图 3-21 所示，输入 1 Hz 连续计数脉冲，进行由 00 ~ 99 累加计数，记录实验结果。

(2) 将 2 位十进制加法计数器改为 2 位十进制减法计数器，实现由 99 ~ 00 递减计数，记录实验结果。

五、实验注意事项

(1) 注意用同步清零、异步清零端构成 N 进制计数器的接线区别。

(2) CC40192 逻辑功能测试时，必须按照功能表的要求进行。各控制信号和时钟脉冲 CP 的配合应清楚，操作应有序。

六、实验思考题

(1) 用 CC40192 的复位功能和置数功能构成七进制计数器的接线有什么不同？分别画出它们的电路图、工作波形图。

(2) 用两片 CC40192 设计一个能显示 0 ~ 59 s（六十进制）计数的电路，秒计数脉冲 CP

由手动单脉冲提供,实验步骤自拟。

七、实验报告要求

(1)按实验要求画出各实验电路图,自拟实验表格,记录整理实验数据。

(2)完成实验思考题,写出实验后的心得体会。

任务 3.5 集成定时器 555 的应用电路

一、实验目的

(1)掌握集成定时器 555 的工作原理及典型应用电路。

(2)熟悉集成定时器 555 构成的施密特触发器、多谐振荡器和单稳态触发器接线方法。

(3)初步学会用集成定时器 555 设计实用电子电路。

二、实验器材

(1)数字电路实验台。

(2)双踪示波器。

(3)集成定时器 555。

(4)电阻、电容、电位器、二极管若干。

三、实验原理

通用集成定时器 555 是一种将数字逻辑电路和模拟电路巧妙组合起来的中规模集成电路,其电路结构简单,使用方便灵活,在波形的产生与变换、仪器仪表、测量与控制、家用电器与电子玩具等领域都有广泛的应用。它能产生时间延迟和多种脉冲信号,由于内部电压标准使用了 3 个 5kΩ 电阻,故取名 555 电路。555 定时器外接少量的阻容元件可以构成性能稳定而精确的多谐振荡器、单稳态触发器、施密特触发器等,用于脉冲的产生或波形变换。其电路类型有 TTL 型和 CMOS 型两大类,二者的结构与工作原理类似。几乎所有的 TTL 型产品型号最后的 3 位数码都是 555 或 556;所有的 CMOS 型产品型号最后的 4 位数码都是 7555 或 7556,二者的逻辑功能和引脚排列完全相同,易于互换。555 和 7555 是单定时器,556 和 7556 是双定时器,555 定时器的电源电压范围宽:TTL 型的电源电压为 5~15 V,输出的最大电流可达 200 mA;CMOS 型的电源电压为 3~18 V。

此外,555 定时器还可输出一定的功率,可驱动微小电动机、指示灯、扬声器等。

1. 555 定时器的工作原理

555 定时器内部电路框图如图 3-24(a)所示。它含有两个电压比较器,一个基本 RS 触发器,一个放电管 VT。比较器的参考电压由 3 只 5 kΩ 的电阻元件构成的分压器提供。它们分别使高电平比较器 A_1 的同相输入端和低电平比较器 A_2 的反相输入端的参考电平为 $2V_{CC}/3$ 和 $V_{CC}/3$。A_1 与 A_2 的输出端控制 RS 触发器状态和放电管开关状态。当输入信号自 6 引脚,即高电平触发输入并超过参考电平 $2V_{CC}/3$ 时,触发器复位,555 定时器的输出端 3 引脚输出低电平,同时放电管 VT 导通;当输入信号自 2 引脚输入并低于 $V_{CC}/3$ 时,触发器置位,555 定时器的 3 引脚输出高电平,同时放电管 VT 截止。

$\overline{R}_D$ 是复位端(4 引脚),当 $\overline{R}_D = 0$,555 定时器输出低电平。平时 $\overline{R}_D$ 端开路或接 V_{CC}。

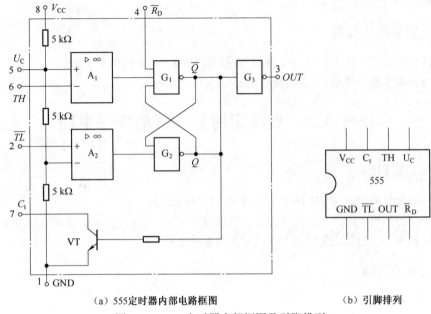

（a）555定时器内部电路框图　　　　　　　（b）引脚排列

图 3-24　555 定时器内部框图及引脚排列

　　U_c 是控制电压端（5 引脚），平时输出 $2V_{CC}/3$ 作为比较器 A_1 的参考电平，当 5 引脚外接一个输入电压，即改变了比较器的参考电平，从而实现对输出的另一种控制；在不接外加电压时，通常接一个 0.01 μF 的电容元件到地，起滤波作用，以消除外来的干扰，从而确保参考电平的稳定。

　　VT 为放电管，当 VT 导通时，将给接于 7 引脚的电容元件提供低阻放电通路。555 定时器的功能表见表 3-18。

表 3-18　555 定时器的功能表

输　入			输　出	
阈值输入（TH）	触发输入（$\overline{TL}$）	复位（$\overline{R_D}$）	输出（OUT）	放电管 VT 的状态
×	×	0	0	导通
$<2V_{CC}/3$	$<V_{CC}/3$	1	1	截止
$>2V_{CC}/3$	$>V_{CC}/3$	1	0	导通
$<2V_{CC}/3$	$>V_{CC}/3$	不变	不变	不变

　　555 定时器主要是与电阻、电容构成充放电电路，并由两个比较器来检测电容上的电压，以确定输出电平的高低和放电管的通断。这就很方便地构成从几微秒到几十分钟的延时电路，可方便地构成单稳态触发器、多谐振荡器、施密特触发器等脉冲产生或波形变换电路。

2. 555 定时器的典型应用

1）构成单稳态触发器

　　图 3-25（a）为由 555 定时器和外接定时元件 R、C 构成的单稳态触发器。触发信号由 2 引脚输入，稳态时 555 定时器输入端处于电源电平，内部放电管 VT 导通，输出端输出低电平，当

有一个外部负脉冲触发信号经电容耦合加到 2 引脚，并使 2 引脚端电位瞬时低于 $V_{CC}/3$，低电平比较器动作，单稳态电路即开始一个暂态过程，电容 C 开始充电，U_C 按指数规律增长。当 U_C 充电到 $2V_{CC}/3$ 时，高电平比较器动作，比较器 A_1 翻转，输出 U_o 从高电平返回低电平，放电管 VT 重新导通，电容 C 上的电荷很快经放电管放电，暂态结束，恢复稳态，为下一个触发脉冲的到来做好准备。工作波形如图 3-25(b) 所示。

暂稳态的持续时间 t_w（即延时时间）决定于外接元件 R、C 值的大小。

$$t_w = 1.1RC$$

通过改变 R、C 的大小，可使延时时间在几微秒到几十分钟之间变化。当这种单稳态电路作为计时器时，可直接驱动小型继电器，并可以使用复位端（4 引脚）接地的方法来中止暂态，重新计时。此外，尚须用一个续流二极管与继电器线圈并联，以防继电器线圈反电势损坏内部功率管。

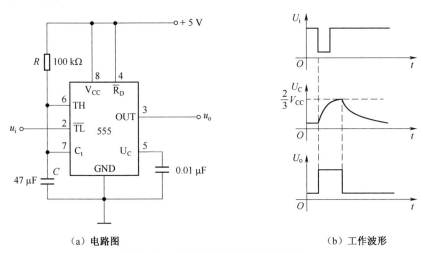

（a）电路图　　　　　　　　（b）工作波形

图 3-25　单稳态触发器及工作波形

2）构成多谐振荡器

如图 3-26(a) 所示，由 555 定时器和外接元件 R_1、R_2、C 构成多谐振荡器，2 引脚与 6 引脚直接相连。电路没有稳态，仅存在两个暂稳态，电路亦不需要外加触发信号，利用电源通过 R_1、R_2 向 C 充电，以及 C 通过 R_2 向放电端 C_t 放电，使电路产生振荡。电容 C 在 $V_{CC}/3$ 和 $2V_{CC}/3$ 之间充电和放电，其工作波形如图 3-26(b) 所示。输出信号的时间参数是

$$T = t_{w1} + t_{w2},\ t_{w1} = 0.7(R_1 + R_2)C,\ t_{w2} = 0.7R_2C$$

555 定时器要求 R_1 与 R_2 均应大于或等于 1 kΩ，但 $R_1 + R_2$ 应小于或等于 3.3 MΩ。

外部元件的稳定性决定了多谐振荡器的稳定性，555 定时器配以少量的元件即可获得较高精度的振荡频率和具有较强的功率输出能力。因此，这种形式的多谐振荡器应用很广。

3）构成占空比可调的多谐振荡器

电路如图 3-27 所示，它比图 3-26 所示电路增加了一个电位器和两个导引二极管。D_1、D_2 用来决定电容充、放电电流流经电阻的途径（充电时，D_1 导通，D_2 截止；放电时，D_2 导通，D_1 截止）。

占空比 q 为

$$q = \frac{t_{w1}}{t_{w1} + t_{w2}} \approx \frac{0.7R_AC}{0.7C(R_A + R_B)} = \frac{R_A}{(R_A + R_B)}$$

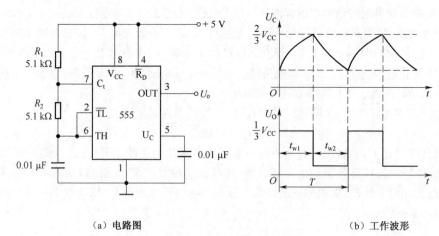

（a）电路图　　　　　　　　　　（b）工作波形

图 3-26　多谐振荡器及工作波形

可见，若取 $R_A = R_B$，电路即可输出占空比为 50% 的方波信号。

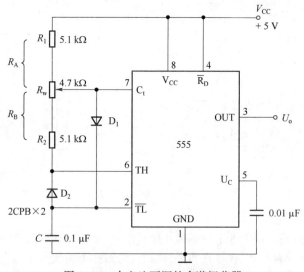

图 3-27　占空比可调的多谐振荡器

4）构成占空比连续可调并能调节振荡频率的多谐振荡器

电路如图 3-28 所示。对 C_1 充电时，充电电流通过 R_1、D_1、R_{W2} 和 R_{W1}；放电时，放电电流通过 R_{W1}、R_{W2}、D_2、R_2。当 $R_1 = R_2$ 且 R_{W2} 调至中点时，因充放电时间基本相等，其占空比约为 50%，此时调节 R_{W1} 仅改变频率，占空比不变；如 R_{W2} 调至偏离中点，再调节 R_{W1}，不仅振荡频率改变，而且对占空比也有影响；R_{W1} 不变，调节 R_{W2}，仅改变占空比，对频率无影响。因此，当接通电源后，应首先调节 R_{W1} 使频率至规定值，再调节 R_{W2}，以获得需要的占空比。若频率调节的范围比较大，还可以用波段开关改变 C_1 的值。

5）构成施密特触发器

电路如图 3-29 所示，只要将 2 引脚、6 引脚连在一起作为信号输入端，即得到施密特触发器。图 3-30 所示为 U_i 和 U_o 的波形图。

设输入电压 U_i 为三角波加到 555 定时器的 2 引脚和 6 引脚，当 U_i 上升到 $2V_{CC}/3$ 时，U_o 从高电平 U_{oH} 翻转为低电平 U_{oL}；当 U_i 下降到 $V_{CC}/3$ 时，U_o 又从低电平 U_{oL} 翻转为高电平 U_{oH}。

电路的电压传输特性曲线如图3-31所示,回差电压 $\Delta U = 2V_{CC}/3 - V_{CC}/3 = V_{CC}/3$。

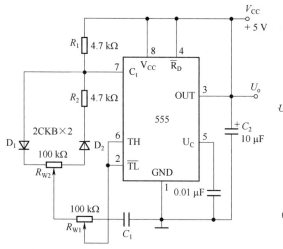 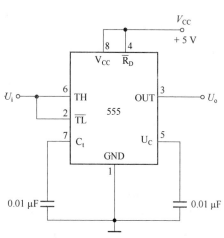

图3-28 占空比与频率均可调的多谐振荡器　　　　图3-29 施密特触发器

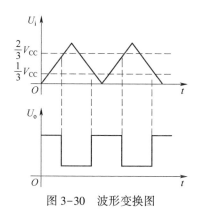

图3-30 波形变换图　　　　　　　图3-31 电压传输特性曲线

四、实验内容与步骤

1. 测试555定时器的功能

(1)电源输入端(8引脚)V_{CC}外加电压可置5 V,控制电压端(5引脚)U_C可通过电容元件(0.01 μF)接地。复位端 $\overline{R}_D$(4引脚)接逻辑电平输出端,输出端(3引脚)接逻辑电平显示器。

(2)对照555定时器的功能表(见表3-18)和引脚排列图3-24(b)逐项测试555定时器输入和输出的关系。

2. 用555定时器构成单稳态触发器

(1)按图3-25连线,取 $R = 100$ kΩ,$C = 47$ μF,输入信号 U_i 由单次脉冲源提供,用双踪示波器观测 U_i,U_C,U_o 波形。测定输出的幅度与延时时间。

(2)将 R 改为1 kΩ,C 改为0.1 μF,输入端加1 kHz的连续脉冲,观测延时 U_i,U_C,U_o,测定输出 U_o 波形幅度及延时时间。

3. 用555定时器构成多谐振荡器

(1)按图3-26连线,用双踪示波器观测 U_C 与 U_o 的波形,测定频率。

(2)按图 3-27 连线,组成占空比为 50% 的方波信号发生器。观测 U_C、U_o 波形,测定波形参数。

(3)按图 3-28 连线,通过调节 R_{W1} 和 R_{W2} 来观测输出波形。

4. 用 555 定时器构成施密特触发器

(1)按图 3-29 接线,输入信号由音频信号源提供,预先调好 U_S 的频率为 1 kHz,接通电源,逐渐加大 U_S 的幅度,观测输出 U 波形。

(2)测绘 U_o-U_i 电压传输特性,算出回差电压 ΔU。

五、实验注意事项

(1)注意电源电压范围:TTL 型 555 定时器的电源电压为 5~15 V,输出最大电流可达 200 mA;CMOS 型 555 定时器的电源电压为 3~18 V。

(2)控制电压端 U_C(5 引脚),输出 $2V_{CC}/3$ 作为比较器的参考电平。当外接一个输入电压,即改变了比较器的参考电平,从而实现对输出的另一种控制。

(3)不接外加电压时,控制电压端 U_C(5 引脚)可通过电容元件(0.01 μF)接地,起到滤波作用,来消除外来的干扰,从而保证参考电平的稳定。

六、实验思考题

(1)简述 555 定时器构成的施密特触发器、多谐振荡器和单稳态触发器的工作原理并画出工作波形。

(2)占空比可调的多谐振荡器是怎样组成的? 如何进行调节?

七、实验报告要求

(1)简述 555 定时器的功能和使用方法。

(2)总结施密特触发器、多谐振荡器和单稳态触发器的功能。

(3)完成实验思考题,写出实验后的心得体会。

综合实训

本篇以实际项目和产品为载体，以训练学生就业预期岗位的必备基本技能和发展潜能为目标，突出高职技术技能型人才培养的特点。本篇包含 3 个模块，其中模块 4 "基础技能实训"以电类从业人员的最基本的元器件识别能力、焊接技能为训练目标，以组装万用表来检验；模块 5 "综合技能实训"与上篇知识内容相呼应，设计的实训内容融合了模拟电子、数字电子、SMT（表面安装技术）工艺的内容，全部项目都经过实践验证；模块 6 "电路仿真实训"以 Multisim 作为 EDA（电子设计自动化）工具，内容上循序渐进，由简到繁，包含了器件特性、单元电路、整机产品的仿真，知识上涵盖了模拟电子与数字电子范畴。

模块 4 基础技能实训

本模块包含四个相互独立的任务,通过任务 4.1"常用元器件识别与测试"学会识别和检测常用电子元器件;通过任务 4.2"焊接基本技能训练"熟悉电子产品制作时常用的工具与材料,训练基本焊接技术(包括 SMT 器件焊接)并达到熟练进行焊接与拆焊的操作能力;任务 4.3"印制电路板制作"介绍了印制电路板的种类、性能以及印制电路板的工业化生产方法,重点训练在实验室用化学腐蚀法制作单面印制电路板的技能,为后续的综合实训奠定基础;任务 4.4"MF47 指针式万用表组装"可作为电子电路入门级训练,通过组装万用表,体验电子产品生产调试过程,熟练手工焊接技能,并训练利用万用表进行常用元器件的测试。

任务 4.1 常用元器件识别与检测

一、任务和目标

1. 基本任务

通过对元器件的特性、标识方法的学习,完成对电阻、电容、二极管、三极管的辨识,并使用万用表进行检测。

2. 知识目标

掌握常用元器件的基本特性、用途及标识方法。

3. 技能目标

(1)能熟练识别常用元器件类型以及判别型号、数值、极性。

(2)能用万用表对常用器件进行基本检测。

二、相关知识

电子电路由具有独立功能的电子元器件组成,这些电子元器件通常分为无源元件(习惯上称为元件)和有源元件(习惯上称为器件)两大类,前者包括电阻元件、电容元件、电感元件、接插件等,后者包括二极管、三极管、集成电路等。按器件的封装形式,分为 THT 器件(穿插器件)和 SMT 器件(贴片器件)。

1. 电阻元件

电阻元件(简称"电阻")是对电流通过起阻碍作用的电子元件,在串联电路中起分压和限流的作用,在并联电路中起分流作用。电阻对电流阻碍作用的大小以其电阻值来衡量,常用单位为 Ω(欧) 或 kΩ(千欧)。

1)电阻的分类

电阻按用途及结构可分为固定电阻、可调电阻、电位器以及专用电阻等,常用各类电阻的外形如图 4-1 所示。

| 固定电阻 | 可调电阻 | 电位器 | 专用电阻 |

图 4-1　常用各类电阻的外形

　　固定电阻使用量最大,简称"电阻",其阻值是固定的。按制造材料,分为碳膜电阻、金属膜电阻、水泥电阻等多种规格。

　　可调电阻和电位器的阻值在一定范围内可调。可调电阻用于不需要经常调整的电路中,有立式、卧式两种安装形式;电位器常带有调节旋钮,用于需要经常调整的电路中。

　　专用电阻有温敏电阻、压敏电阻、光敏电阻、气敏电阻、湿敏电阻、熔断电阻等,其阻值分别随着温度、电压、光强、气体浓度、湿度等的变化而变化,在电路中起数据传感或自动调整的作用。熔断电阻在电路中的作用与熔丝类似,电流超过额定值时自动熔断。

　　各类电阻在电路中的图形符号如图 4-2 所示。

| 固定电阻 | 可调电阻 | 电位器 | 敏感电阻 | 熔断电阻 |

图 4-2　各类电阻在电路中的图形符号

2)电阻的标识

电阻的主要参数有标称阻值、误差、功率,常用直接标示法或色环标示法来标识。

　　(1)直接标示法:将电阻的阻值及误差等级直接用数字印在元件外表上,适用于体积较大的电阻的标识,如水泥电阻、可调电阻、电位器等,小于 1 000 Ω 时通常不带单位。

　　(2)色环标示法:体积较小的电阻将其阻值和误差用色环标示在电阻体上。色环标示法有四色环和五色环两种,四色环标示时第 1~2 道色环表示阻值的有效数字,第 3 道色环表示倍率(10^n,即有效数字后 0 的个数),最后一道色环表示误差等级;五色环标示类似四色环的规律,只是阻值的有效数字为前 3 位。电阻的色环标示法示意图如图 4-3 所示。

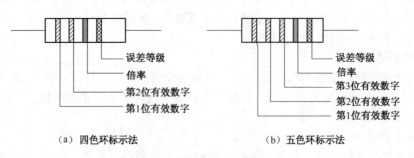

（a）四色环标示法　　　　　（b）五色环标示法

图 4-3　电阻的色环标示法示意图

色环颜色所代表的有效数字与误差等级如表 4-1 所示。

表 4-1　色环颜色所代表的有效数字与误差等级

项目	黑	棕	红	橙	黄	绿	蓝	紫	灰	白	金	银	无
有效数字	0	1	2	3	4	5	6	7	8	9			
误差		1%	2%			0.5%	0.25%	0.1%			5%	10%	20%
误差等级		F				D					J	K	M

电阻的额定功率是指电阻能连续长期工作所允许消耗的最大功率,常有(1/20) W、(1/8) W、(1/4) W、(1/2) W、5 W、10 W 等规格,大功率电阻在电阻体上用文字直接标识额定功率。

3)电阻的检测

普通电阻可用万用表的电阻挡直接测量,测量时要合理选择量程来提高测量精度。对专用电阻,如温敏电阻、光敏电阻等,还应按其电阻特性适当加温或进行光照来检测其阻值的变化性能。

2. 电容元件

电容元件(简称"电容")是一种存储电能的元件,具有通交流隔直流、通高频阻低频的电路特性,因此在电路中常用作电源滤波、交流耦合或旁路以及谐振选频等。电容元件存储电能的能力以其电容值来衡量,常用单位为 F(法)、μF(微法)、nF(纳法)、pF(皮法)等。

1)电容的分类

电容按结构可分为固定电容、可变电容,按材料介质可分为纸质电容、瓷片电容、云母电容、电解电容等,因内部介质不同可分为有极性电容和无极性电容。常用各类电容外形如图 4-4 所示。

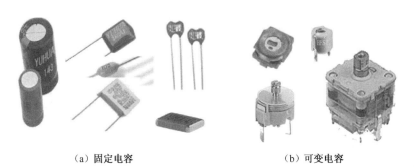

(a)固定电容　　　　　　　　　　(b)可变电容

图 4-4　常用各类电容外形

固定电容使用最多,其电容值是固定不变的。可变电容按用途分为可调电容、微调电容以及特殊用途的双联电容;按改变电容量的方式分为机械可调电容、容量随电压变化的变容二极管等类型。

电解电容内部构造上以附着在铝或钽等阳极金属极板上的氧化膜作为介质,阴极是填充的电解液,所以电解电容是有极性的电容,使用时正极所接电位应比负极高,不得接反。由于电解电容的特殊构造,其容量可以做得很大,但容量误差也较大,因此适用于需要大容量而对容量准确度要求又不高的电路中,如电源滤波、低频耦合等。

各类电容在电路中的图形符号如图 4-5 所示。

| 普通电容 | 电解电容 | 可变电容 | 变容二极管 | 双联电容 |

图 4-5　各类电容在电路中的图形符号

2）电容的标识

电容的主要参数有标称容量、额定耐压和误差。常用的标示方法如下：

（1）直接标示法：体积较大的电容一般在外表上直接标示主要参数及电解电容的极性。如电解电容外壳上直接标注"22 μF±5%　25 V"，并在其引脚处注明"+"或"-"。电解电容在制造时，一般将正极引脚预留得比负极引脚长，从引脚的长短上也可辨认正负极。

（2）数字标示法：体积较小的电容不便于直接标示，一般用 3 位数字表示，前 2 位为有效数字，第 3 位为倍率亦即有效数字后 0 的个数，单位为 pF（皮法）。如 101 代表 100 pF，225 代表 2 200 000 pF（即 2.2 μF）。

（3）文字符号法：将容量的整数部分写在容量单位符号前面，小数部分放在单位符号后面。如 4p7 代表 4.7 pF，2n2 代表 2 200 pF。

（4）色环标示法：电容的色环标示法与电阻类似，单位为 pF。

在选择电容时，耐压值一定要高于工作电路中所承受的最大电压，并留一定余量。

3）电容的检测

电容量的测试需要专门测量仪器（如数字万用表的电容挡），在要求不严格时也可用指针式万用表电阻挡检测电容的漏电流进行粗测。测试电解电容时，先将电容正负极短路放电，再将指针式万用表的黑表笔接电容"+"，红表笔接电容"-"，此时电容因充放电使得万用表指针迅速向右摆动然后慢慢退回，指针稳定后所指示的电阻值越大表明漏电流越小；测试时如果指针根本不动或摆动幅度很小，则说明电解电容已开路或者容量变小；如果表笔正负极与电容正负极接反，则测得的漏电流较大，用此方法可以判断出电解电容的极性。

小容量的电容一般无正负极之分，漏电流也小，应用较高倍率的电阻挡进行测试。

3. 电感元件

电感元件（简称"电感"）也是一种储能元件，其电路特性与电容正好相反，具有通直流阻交流、通低频阻高频的电气特性，在电路中常用作高频扼流、低频扼流、调谐与退耦。常用单位为 H（亨）、μH（微亨）、mH（毫亨）等。

1）电感的分类

电感由铜线绕制而成，常称为电感线圈，可分为固定电感和可变电感线圈两大类。按结构及导磁材料不同，可分为空心线圈、磁芯线圈和铜芯线圈等。常用各类电感外形如图 4-6所示。

可变电感线圈通常是在线圈中插入磁芯（或铜芯），调整磁芯（或铜芯）与线圈的相对位置可使电感量在一定范围内变化。

2）电感的主要参数

电感的主要参数有电感量、品质因数、额定电流以及分布电容等。电感量通常以直接标示的方法标在电感外表上。标称容量和额定电流都较小的电感因外形体积小，常用与色环电阻类似的色环标示法进行标注，此类电感通常称为色码电感。

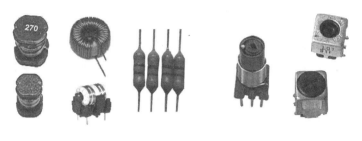

（a）固定电感　　　　　　　　　　（b）可变电感

图 4-6　常用各类电感外形

品质因数 Q 是线圈质量的重要参数,它表示在某一工作频率下,线圈感抗与其等效直流电阻的比值,Q 值越高说明线圈的铜损越小,同时选频特性也越好。

额定电流是指线圈正常工作所能承受的最大电流值,是电源滤波线圈的重要参数。

3）电感的检测

电感的电感量、品质因数需要用专门的测量仪器才能测量,通常可用指针式万用表的电阻挡判断线圈的通断。

4. 二极管

二极管是利用 PN 结的单向导电性制造的一种半导体器件,按材料可分为硅二极管和锗二极管以及发光二极管等,在电路中起整流、稳压、检波、电子开关和发光指示作用。

1）常用二极管的类型

二极管按制造材料不同可分为硅管和锗管;按电路中的作用不同可分为整流二极管、检波二极管、稳压二极管、变容二极管、发光二极管等;按制造工艺不同,可分为点接触型、面接触型和平面型。常用二极管外形、图形符号及极性标识如图 4-7 所示。

（a）外形　　　　　　　　（b）图形符号　　　　　　（c）极性标识

图 4-7　常用二极管外形、图形符号及极性标识

整流二极管在电路中将交流变换成脉动直流,工作频率低但工作电流大;检波二极管的作用是把高频信号中的低频信号检出,因此不需要很大的工作电流;稳压二极管利用特殊工艺制造的 PN 结,其反向击穿电压相对固定,不随反向击穿电流变化的特点在电路中起稳压作用,其稳定电压即为 PN 结的反向击穿电压,稳压二极管常用在稳定精度要求不高、工作电流不大的直流稳压电路中;变容二极管利用 PN 结加反向电压时的等效结电容随反向电压变化而变化的特性,用在通过电压改变电容从而实现电子调谐的振荡电路中;发光二极管利用电激发光材料制造,在电路中起状态指示作用,常见的发光颜色有红、黄、绿,目前已经研发出用于照明的白光二极管。

2)二极管的标识及主要参数

二极管主要参数包括最大整流电流 I_F、反向击穿电压 U_{BR}、最高反向工作电压 U_{RM}、反向电流 I_R 等。一般二极管外壳上都标注有型号和正负极标志,如图 4-7(c)所示。二极管的指标测试需用专门仪器,通常用万用表测试二极管的单向导电性来初步判断其好坏。硅二极管正向导通电压约 0.7 V,锗管约 0.3 V,发光二极管按其发光颜色不同在 1.6~3.2 V 之间。

3)二极管的测试

数字万用表置于二极管挡,红表笔接二极管正极,黑表笔接二极管负极,数字万用表显示该二极管的正向导通电压,单位为 mV。将表笔反接时,数字表头应该显示超量程指示"1",即二极管反向截止。指针式万用表测试二极管的方法是用 $R{\times}100$ 或 $R{\times}1$ k 电阻挡测试单向导电性(黑表笔为内部电源正极,红表笔为内部电源负极),由于指针式万用表 $R{\times}1$ k 以下电阻挡内部使用的 1.5 V 电池,因此测试正向导通电压大于 1.5 V 的发光二极管时应调整在 $R{\times}10$ k 电阻挡,以利用万用表内部的 9 V 叠层电池。

5. 三极管

三极管是通过一定的工艺,将两个 PN 结结合在一起的。由于两个 PN 结的相互影响,使三极管呈现出不同于 PN 结的特性,即具有电流放大作用。三极管在电路中常用作电流、电压放大和电子开关。

1)三极管的分类

三极管按结构类型分为 NPN 型和 PNP 型,按工作频率分为低频管和高频管,按用途分为电流放大管、功率管、开关管、复合管等。三极管种类繁多,常用三极管外形、图形符号及引脚排列如图 4-8 所示。在选用时应依据电路所要求的结构类型、工作频率、电流及耐压、功率等参数查阅器件资料进行选择。

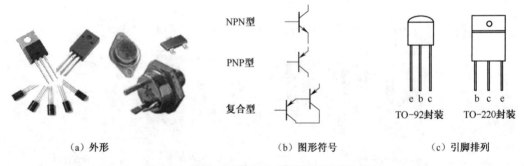

（a）外形　　　　　　　　　　（b）图形符号　　　　　　　　（c）引脚排列

图 4-8　常用三极管外形、图形符号及引脚排列

2)三极管的主要参数及测试

三极管的主要参数包括电流放大倍数 β、特征频率 f_T、集电极最大允许电流 I_{CM}、集电极最大允许耗散功率 P_{CM} 等,需专门仪器,如晶体管图示仪才能进行精确指标测试。在常规条件下可用万用表对三极管进行 NPN 或 NPN 的管型判断、区分各电极、粗测放大倍数以及判别质量好坏等。

(1)管型判断:将指针式万用表置于 $R{\times}100$ 或 $R{\times}1$ k 挡,用黑表笔(表内为电池正极)接三极管其中一极,红表笔(表内为电池负极)分别接另外两极,若两次测得的电阻都很小,则说明两次测量中 PN 结均导通,此时黑表笔所接为基极,且该管为 NPN 型;反之,将红黑表笔对调并重新测试,可以判断出 PNP 型三极管的基极。采用数字万用表测试时,用二极管挡,判别方法相同。

（2）测试放大倍数及区分发射极和集电极:区分出管型和基极后,将三极管基极插入万用表上相应三极管型(NPN 或 PNP)插座的 b,另外两引脚分别插入插座的 c 和 e,测试并读出三极管放大倍数。保持基极插孔位置不变,将 c 和 e 插孔中的两引脚位置互换,再测试一次三极管放大倍数。两次测试中,放大倍数大的一次 c 和 e 插孔中的三极管引脚分别为集电极和发射极。

（3）三极管好坏判别:在管型判断的测试时,若无 PN 结导通规律,则说明三极管有 PN 结开路;若无 PN 结截止规律,则说明三极管有 PN 结被击穿。若三极管 PN 结特征都具备,还需粗测电流放大倍数 β ,一般小功率三极管的 β 值为 20~200。

三、实施条件

1. 仪表与工具

指针式万用表和三位半数字万用表各 1 块。

2. 材料

（1）电阻 5 只,型号及电阻值不限;瓷片电容与电解电容各 3 只,电容值不限。

（2）普通二极管 3 只,发光二极管 3 只,型号不限。

（3）小功率 NPN 和 PNP 型三极管各 2 只,型号不限。

四、步骤和方法

1. 电阻的识别与测量

先识读电阻色环,读出其标称值;再使用万用表电阻挡测量其阻值,设计表格记录标称值与测量值,并计算误差。

2. 电容的识别与测量

先识别电容表面上丝印的标记,读出其标称值;再使用数字万用表测量电容值,设计表格记录标称值与测量值,并计算误差。

用指针式万用表电阻挡,观测电解电容充放电过程。

3. 二极管的识别与检测

（1）数字万用表测试二极管。用数字万用表二极管挡,对普通二极管、发光二极管进行正反向测量,正向测量时的显示值即为二极管正向导通电压值,反向时显示"1"代表二极管截止。

（2）指针式万用表测试二极管。用指针式万用表 $R \times 1$k 挡测量普通二极管,$R \times 10$ k 挡测量发光二极管,此时指针指示值为二极管的正反向电阻。

（3）设计表格记录以上测量结果并进行分析。

4. 三极管的识别与检测

（1）指针式万用表判断三极管的管型。用指针式万用表,通过 PN 结的导通和截止测试,判断待测三极管是 NPN 型还是 PNP 型。

（2）数字万用表判断三极管的管型、3 个电极并测量直流电流放大倍数。用数字万用表的 h_{fe} 挡,判断待测三极管的管型、3 个电极并读出直流电流放大倍数。注意。按不同插孔插入三极管引脚时,读数最大的才是其真实的电流放大倍数。此状态下,插座上标注的管型及电极名称才是正确的。

焊接基本
技能训练

五、思考与练习

（1）如何用指针式万用表判断两只电解电容的容量相对大小？

（2）为什么检测发光二极管时要使用 $R \times 10\,k$ 挡。

（3）简述使用指针式万用表判断三极管 3 个电极的方法。

任务 4.2　焊接基本技能训练

一、任务和目标

1. 基本任务

通过焊接基本技能训练，熟悉电子产品制作时常用的工具与材料；掌握基本焊接技术，并达到以下目标。

2. 知识目标

（1）掌握常用焊接工具、材料的性能及用途。

（2）掌握焊接与解焊的步骤及焊接质量判别。

3. 技能目标

（1）能熟练使用常用工具，并学会对烙铁头的维护。

（2）能熟练进行焊接和拆焊，焊点满足质量要求，拆焊不损坏器件和印制电路板。

二、相关知识

1. 电烙铁

电烙铁是常用的手工焊接工具之一，按结构特点和用途分为内热式、外热式、恒温式和吸锡式，可配不同形状的烙铁头以适应不同焊接需求。电烙铁大多采用 220 V 交流供电，通电后烙铁头的温度可达 350 ℃以上，因此烙铁在预热期间以及使用过程中以及断电完全冷却前应搁置在烙铁架上，防止烫伤操作人员或损坏物品并避免引起火灾，使用完后应断掉电源。各种形式电烙铁如图 4-9 所示。

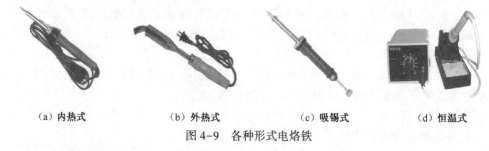

　（a）内热式　　　　　（b）外热式　　　　（c）吸锡式　　　　（d）恒温式

图 4-9　各种形式电烙铁

1）电烙铁的选用

电烙铁依据发热结构分为外热式和内热式，常用的功率规格有 20 W、35 W、50 W、75 W、100 W 等，应按照被焊接器件及焊点大小选择合适的规格。电烙铁的功率越大，烙铁头的温度就越高，可焊接的器件也可大些。吸锡式电烙铁是拆除焊接件的专门工具，使用时将烙铁头放到焊点上熔化焊点后，再按动吸锡开关，即可将焊点上的焊锡吸入吸锡式电烙铁的空腔内。恒温电烙铁内部有温度控制电路，烙铁头温度相对稳定。

2）安全使用事项

使用电烙铁一定要注意防触电和烫伤。通电前要检查电源线有无短路、开路、漏电、破损等缺陷,如有故障,轻则损坏器件,重则出现电击伤人事故。另外,通电后电烙铁不要随意放置,防止烫伤人体或损坏其他物品,避免引起火灾危险;长期不用时要断开电源。

3）电烙铁的检查

烙铁芯是电烙铁内部的加热元件,由电阻丝构成。如果加电后不发热,排除电源及电源线因素后,就可能是烙铁芯开路。除内带控制电路的恒温电烙铁外,其他形式电烙铁的烙铁芯两端直接连接在自带电源线上,可测量电源线插头间的电阻值来判断烙铁芯是否烧断。50 W 左右的电烙铁电阻值为 $1\sim2$ kΩ。

4）烙铁头的维护

通电后,烙铁头一直处于高温状态,容易烧结而不粘锡。烙铁头使用一段时间后也会因磨损影响使用效果,此时可将电烙铁通电加热,趁热用锉刀将烙铁头上的氧化层轻轻锉去,再在烙铁头的表面上熔化带松香的焊锡,直到烙铁头的表面镀有薄薄一层锡为止。电烙铁在加热状态不能强力振动,否则极易损坏烙铁芯。

新买的电烙铁或新更换的烙铁头不能直接使用,需按上述方法先去氧化层后再镀锡。

2. 常用电工工具

在进行焊接时,常常用到其他辅助工具,如器件成型要用尖嘴钳或镊子,剪断元件引脚要用斜口钳,剥去导线的绝缘皮层要用剥线钳等,常用电工工具外形如图4-10所示。

| 尖嘴钳 | 斜口钳 | 剥线钳 | 螺钉旋具 | 镊子 |

图 4-10　常用电工工具外形

3. THT 器件手工焊接基本方法

THT 器件即穿插式器件,手工焊接时主要用的工具和材料是电烙铁(简称"烙铁")和焊料。常用的焊料是锡铅合金,锡的熔点为 230 ℃ 左右,铅的熔点为 330 ℃ 左右,按锡铅比例 60∶40 制造成的焊锡合金熔点只有 190 ℃,而机械强度是锡铅本身的 $2\sim3$ 倍。焊锡合金降低了表面张力及黏度,提高了抗氧化能力。焊锡丝由焊锡合金按比例制造成管状,管内填有松香,使用时一般不需要加助焊剂。

焊接时,左手拿焊锡丝,右手握烙铁,一般采用五步法进行焊接,如图4-11所示。

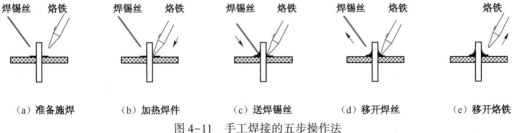

| 焊锡丝　烙铁 | 焊锡丝　烙铁 | 焊锡丝　烙铁 | 焊锡丝　烙铁 | 烙铁 |

（a）准备施焊　　　（b）加热焊件　　　（c）送焊锡丝　　　（d）移开焊丝　　　（e）移开烙铁

图 4-11　手工焊接的五步操作法

（1）手工焊接的五步操作法:

①准备施焊:将烙铁头和焊锡靠近被焊物并认准位置,处于随时进行焊接的状态。

②加热焊件：将烙铁头接触热容量较大的工件焊接处进行加热。

③送焊锡丝：将焊锡丝接触到已经加热的被焊件上，使焊锡丝熔化。

④移开焊丝：焊锡熔化一定量后，迅速将焊锡丝沿着元件引线方向斜上方45°提起。

⑤移开烙铁：焊锡扩散范围达到要求后迅速沿元件引线方向45°斜上方撤离烙铁。

（2）手工焊接技巧。为了保证焊接质量，提高焊接速度，可借鉴以下焊接技巧：

①对焊件要先进行表面处理：刮磨或用酒精擦洗焊件焊接部位的锈迹、氧化层。

②对元件引脚进行镀锡处理：对元件引脚的焊接部位先用焊锡湿润，即先"上锡"。

③不要过量使用助焊剂：过多助焊剂使焊点周围不清洁又容易虚焊（夹渣）。

④经常擦蹭烙铁头：长期高温状态的烙铁头表面容易氧化形成隔热层，降低了热传导效率，用湿布或湿海绵经常擦蹭烙铁头表面的杂质，始终保持烙铁头的清洁光亮。

⑤加热时在焊件和烙铁头间建立焊锡桥：要迅速将烙铁头的温度传导到焊件上，加热时在烙铁头上始终保留少量焊锡作为烙铁头与焊件间的传热桥梁。

⑥在焊点完全冷却前，不要摇动器件，以免造成虚焊。

焊接技术熟练后，如果烙铁温度足够，被焊件的可焊性良好，可将手工焊接的五步操作法合并为三步操作法以提高焊接效率。所谓三步操作法就是五步操作法中第（2）步和第（3）步同时执行，第（4）步和第（5）步同时执行。

（3）焊接质量检查。焊接过程中要随时目测焊接质量，发现缺陷及时纠正，并对可疑焊点进行手触检查。

①目测检查主要内容。目测是否有错焊、漏焊、虚焊、连焊、桥接现象；焊盘有无脱落，焊点有无半焊、裂纹及拉尖现象；焊点外形湿润良好，焊点表面应光亮、圆润，焊点周围有无残留的焊剂；印制电路板上有无残留的焊珠。

②手触检查。在目测检查中发现可疑对象时，进一步采用手触检查。用手指或镊子碰触已冷却的元器件，观察有无松动、焊接不牢的现象。

（4）焊接缺陷及产生的原因。正常焊点及常见缺陷焊点形状如图4-12所示。常见缺陷有以下几种：

①拉尖：焊点出现尖端或毛刺。原因是焊料过多、助焊剂少或质量差、焊接时间过长、烙铁撤离角度不当等。

②空洞：焊点外部看似正常，内部未被焊锡完全充满形成空洞。原因是器件引脚可焊性不好、烙铁及焊料撤离过快、焊料质量差。

③不对称：焊锡未流满焊盘。原因是焊料流动性差、助焊剂不足、加热不足等。

④焊料过多：焊点呈凸形且不规则。原因是焊料太多，焊锡丝撤离过晚。

⑤焊料过少：焊接面积小于焊盘甚至形成半焊。原因是焊锡流动性差或焊丝撤离过早、助焊剂不足、焊接时间太短。

⑥松动：导线或元器件引线可活动。原因是焊点未冷却时摇动了器件、器件引脚可焊性不好、焊料质量不好。

⑦桥接：焊锡将相邻的器件引脚或印制电路板导线连接起来造成短路。原因是焊接时间过长、焊锡温度过高、焊料过多、烙铁撤离角度不当。

⑧铜箔翘起或剥离：铜箔从印制电路板上翘起，甚至脱落。原因是焊接温度过高、焊接时间过长、焊盘上金属镀层不良、印制电路板覆铜太薄以及印制电路板质量差。

⑨过热：焊点发白，无金属光泽，表面较粗糙，呈霜斑或颗粒状。原因是烙铁功率过大、加热时间过长、焊接温度过高。

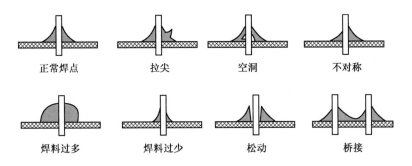

图 4-12　正常焊点及常见缺陷焊点形状

4. SMT 器件手工焊接基本方法

SMT 器件(贴片器件)的元件体与焊接面在印制电路板的同一面,由于器件体积小、质量小、焊盘也较小,因此使用的工具应更小巧,对焊接技术要求更高。工厂规模生产一般采用自动贴片机和回流焊工艺进行焊接,在样机制作或者小批量生产时,可以用直径 0.5 mm 及以下的细焊锡丝配以功率不超过 20 W 的恒温烙铁进行手工焊接。

焊接 SMT 器件时,由于器件间距离近,印制电路板的覆铜线间距小,焊接前要将烙铁头清洗干净,手工焊接一般按以下 4 个步骤进行,如图 4-13 所示。

(1)堆锡:先在 SMT 器件的一个焊盘上加适量焊锡,堆锡后烙铁尖不要离开焊盘,保持焊盘上的焊锡处于熔化状态下进入下一步(放置器件)。对两引脚器件可以任选一个引脚先堆锡;对多引脚器件,如集成电路等选择四角中的一角上的引脚先堆锡。

(2)放置器件:用镊子将 SMT 器件推放到已经熔化焊锡的焊盘上,用镊子微调 SMT 器件位置,以使各引脚与焊盘位置都准确对位。

(3)固定器件:调整好 SMT 器件位置后,用镊子压住元器件,移开烙铁,待焊点固化后再撤离镊子,这样 SMT 器件位置便被固定了。

(4)焊接其他引脚:以手工焊接五步操作法焊接其他引脚。

由于 SMT 器件引脚较小,其印制电路板焊盘也小,因此焊接时一定要注意速度,不可长时间对焊盘加热,否则焊盘铜箔极易翘起而脱落。

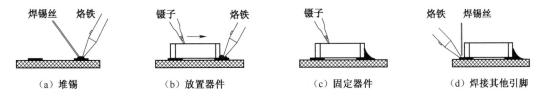

图 4-13　SMT 器件的手工焊接方法

5. 拆焊

电子产品的调试与维修过程中,经常需要将已焊接好的元器件拆下来,即所谓拆焊,又称解焊。拆焊比焊接困难得多,处理不好还会损坏元器件或印制电路板。通常对引脚少的元器件用烙铁直接手工拆焊,对多引脚的元器件则需借助其他拆焊工具和材料。

1)简单元器件的拆焊

一般电阻、电容、三极管等引脚不多,且每根引线能相对可活动,这类元器件可用烙铁直接拆焊。拆焊时将印制电路板竖起来,一边用烙铁加热待拆元器件中的一个焊点,一边用镊子或尖嘴钳夹住元器件引线轻轻拉出,直到所有焊点都拉出后元器件即可取下。拆焊后,再次补装元器件时,用烙铁加热熔化焊孔中残留的焊锡,并用锥子扎通焊孔。

2)多引脚元器件的拆焊

(1)用烙铁同时加热各引脚拆焊。拆解引脚多于 2 个但又不是特别多的元器件时,将每个元器件引脚的焊盘上堆锡,然后用烙铁快速轮流加热各焊盘,待各焊盘同时熔化时再轻轻取下元器件。采用此方法时只要有一个焊盘的焊锡未熔化,就不能强行取下元器件,否则会损伤印制电路板的焊盘或折断元器件引脚。

(2)用吸锡器或吸锡烙铁拆焊。吸锡器或吸锡烙铁是拆焊专用工具,可对多引脚元器件进行拆焊。使用时将焊点逐个除锡,使全部焊孔与元器件引脚分离,再轻松取下元器件。

(3)用热风枪拆焊。表面贴装的集成电路芯片,可采用热风枪加热元器件体,待焊点熔化后再垂直向上撤离元器件。热风枪外形如图 4-14 所示。

(4)用专用维修拆焊台拆焊。对复杂结构多引脚的元器件,特别是表面贴装的特殊封装,如 BGA(焊球阵列封装)等集成电路,往往需要专用维修拆焊台才能拆焊。BGA 维修拆焊台外形如图 4-15 所示。

无论采用哪种拆焊方法,都要避免焊盘加热温度过高或加热时间过长,否则容易引起焊盘翘起而损坏元器件和印制电路板。

图 4-14　热风枪外形

图 4-15　BGA 维修拆焊台外形

三、实施条件

1. 仪表与工具

万用表 1 块,20~30 W 外热式电烙铁、尖嘴钳、斜口钳、镊子等常用工具各 1 把,放大台灯 1 台,热风枪 1 把。

2. 材料

(1)THT 杂散器件 20 个,型号不限,但其中至少有 2 个二极管、2 个三极管、2 个电解电容。

(2)SMT 器件 20 个,型号不限。

(3)THT、SMT 焊接练习板各 1 块,要求至少包含 20 个器件的焊接孔位或焊盘。

四、步骤和方法

1. THT 器件焊接与拆焊练习

1）THT 器件成型与插件

用镊子将电阻、二极管两端引脚折弯 90°，要求成型后的引脚间距为 10 mm，将成型后的元器件插入 THT 焊接练习板相应焊盘中。电容、三极管无须成型，插入时稍将引脚分开即可。

2）焊接、焊点质量检测与修补

采用五步操作法手工焊接已插入元器件。焊接时注意元器件的高度基本一致，焊点饱满而光滑，无毛刺。按前述方法对焊点质量进行目测，不满足要求的焊点用烙铁进行修整。

3）拆焊

用烙铁和镊子拆下已经焊接的元器件，注意待焊点基本熔化后才可以用镊子取出引脚，提前用力可能会折断引脚或元器件体。对超过 2 个引脚的元器件（如三极管），需要同时或快速轮回地对多个引脚加热才能取下元器件。

2. SMT 器件焊接与拆焊练习

由于 SMT 器件轻而小，因此采用五步操作法焊接时，必须用镊子压住器件。SMT 器件的手工焊接、焊点的质量检测与修补，均可在放大台灯下进行。SMT 器件的拆焊需要使用热风枪。

五、思考与练习

（1）除焊接人员的焊接技术外，影响焊点质量的因素还有哪些？

（2）根据自己的焊接练习体会，总结五步操作法焊接中每一步的注意事项。

任务 4.3　印制电路板制作

一、任务和目标

1. 基本任务

了解印制电路板的制作流程，并用化学蚀刻的方法制作一块单面印制电路板。

2. 知识目标

（1）了解印制电路板的种类、性能。

（2）掌握化学蚀刻方法制作印制电路板的流程。

3. 技能目标

（1）能采用热转印工艺进行印制图形的热转印。

（2）能采用化学蚀刻的方法进行印制电路板的制作。

（3）能使用目测及万用表检测的方法对印制电路板制作质量进行检查。

二、相关知识

1. 印制电路板的分类

印制电路板（printed circuit board，PCB）包括刚性、挠性和刚挠结合的单面、双面和多层等类型。印制电路板一般由绝缘基材、导电图形组成，用于元器件间的连接。由于采用标准化的设计和生产,降低了生产成本和维修成本并极大提高了生产效率。现在,几乎所有的电子设备都采用了印制电路板。印制电路板在电子设备中的作用包括:实现电路的电气连接;为电子元器件提供装配、固定的机械支撑;为元器件装配、调试与检修提供识别字符或图形。印制电路板的厚度一般有 1 mm、1.5 mm、2 mm、3 mm、6 mm 等规格,1.5 mm 厚的板材最常见。

按结构及电气特性可将印制电路板分为单面板、双面板和多层板 3 种,分别适用于不同场合。

(1)单面板只有一个包含焊盘及印制导线的导电面(即覆铜面,又称焊接面),另外一面是用来固定元件的元件面,在元件面上印制有指导安装的元件符号、编号等字符信息。由于所有导线、焊盘集中在一个面上,难以满足较为复杂电路的所有电气连接而限制了其用途。在单面板设计时如存在一些无法布通的网络,通常采用导线跨接的方法做补充连接。

(2)双面板的上下两面都有可以导电的覆铜,都可进行布线,两个面分别称为顶层和底层,元件一般处于顶层;顶层和底层的电气连接通过元件引脚和金属化过孔来实现。相对于单面板,双面板因两面布线而极大提高了布线的灵活性和布通率,可以适应相对复杂的电气连接要求。双面板的成本比单面板高,但其布线设计简单而使用很广。

(3)多层板是在顶层和底层之间加上若干中间层构成的,各层间通过焊盘或盲孔、埋孔实现电气互连。多层板可以适用更复杂的电气连接。在中间层中常设有专门的电源层或地线层,因而多层板的抗电磁干扰性能更优良。

印制电路板的板层越多,可布线层面越多,布线越容易。但板层越多,制作程序越复杂,成品率越低,成本也就越高。一般在设计印制电路板时,尽量使用单面板或双面板,只有在相当复杂且要求很高的电路中才使用多层板。

2. 印制电路板的制作方法

单面板和双面板在制作时利用化学方法腐蚀掉覆铜板上不需要的铜箔,留下所需要的印制导线、焊盘、过孔和符号,这个过程称为蚀刻。蚀刻的溶解液常用酸性氯化铜、碱性氯化铜和三氯化铁等,在当前环保社会、绿色经济时代,大量采用了新型环保蚀刻溶剂。

印制电路板因使用广泛,在定型产品大批量生产时由专门的制造工厂来制作,一般都要经过几十道工序,虽过程复杂,但按标准化流程作业,成品率高,成本也低。在需求量较小或电路的试验阶段,也可采用实验室手工制作方式。

1)工厂化制造印制电路板流程

工厂化制造印制电路板流程如图 4-16 所示。

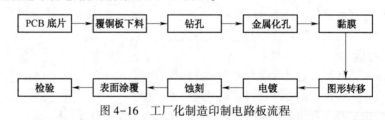

图 4-16 工厂化制造印制电路板流程

工厂制造时,表面涂覆包括印制阻焊剂、助焊机以及丝印图形符号等多重涂覆操作,钻孔和检验通过输入 PCB 设计文件由计算机控制的机器自动完成。

2)实验室手工制作印制电路板流程

实验室手工制作印制电路板流程如图 4-17 所示。在手工制作印制电路板时,目前主要采用两种方法将 PCB 图形转移到覆铜板上,分别称为曝光法和热转印法。曝光法先将

PCB 图形打印在硫酸纸上,再将硫酸纸与感光覆铜板的感光面贴紧,借助专门设备先曝光再显影。覆铜板上的感光膜被曝光的部分在显影剂中溶解,未曝光的部分形成防腐蚀层。热转印法先将 PCB 图形用激光打印机打印在热转印纸上,再用热转印机将打印图形上的碳粉转移并附着在覆铜板上形成防腐蚀层。采用曝光法时,打印 PCB 图形的硫酸纸可以反复使用;热转印法所用的打印图形只能一张图制作一次印制电路板。无论采用哪种方法,蚀刻后的印制电路板上会附着有碳粉或感光膜,需要进行彻底清洗,否则会影响印制电路板的电气性能和可焊性。

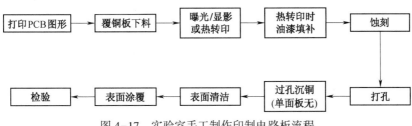

图 4-17　实验室手工制作印制电路板流程

三、实施条件

1. 设备与工具

热转印机 1 台,制板机 1 台或蚀刻加热容器 1 个,高速 PCB 钻床及钻头 1 套,裁板机 1 台,钳工钢锯 1 把,铝锉 1 把,烙铁 1 把,万用表 1 块。

2. 材料

三氯化铁或环保蚀刻溶剂适量,细砂打磨砂纸 1 张。

四、步骤和方法

下面以热转印图形工艺、化学蚀刻方法制作单面板,具体步骤如下:

1. 打印 PCB 图形

图形转移采用热转印工艺,因此设计好的 PCB 图形需打印在专用热转印纸上,并且注意以下事项:

(1)使用碳粉式激光打印机和专用热转印纸,图形打印在光滑的转印面上。

(2)按 1∶1 比例打印,根据 PCB 布线设计的板层确定是否需要用镜像打印方式。

(3)打印后应检查输出的 PCB 图形碳粉是否有脱落、移位、起层现象,否则不能使用。

(4)打印好的热转印纸要妥善保管,不能受潮或折叠、摩擦,否则会使碳粉脱落。

2. 覆铜板下料

为保证下料尺寸精确、边缘整齐、覆铜板不破损,应使用专业工具。常见的 PCB 手动裁板机外形如图 4-18 所示。使用时向左移动定位尺,提起压杆,将待裁剪的覆铜板置于裁板机底板并靠近标尺,根据标尺刻度确定待裁剪尺寸,并将定位尺移动到覆铜板边沿,左手压板,右手将压杆压下,即可轻松地裁好覆铜板。裁剪后如发现边缘不够整齐,可用锉刀适当修整。

3. 图形转移(热转印)

首先清洁覆铜板的覆铜面,将打印好的热转印纸按印制电路板尺寸大小裁剪(每边各留 1~2 cm),设置热转印机(见图 4-19)的温度为 160 ℃(实际使用时,按转印效果再微调温度,但最高不要超过 190 ℃),对热转印机进行预热,然后按以下步骤进行热转印操作:

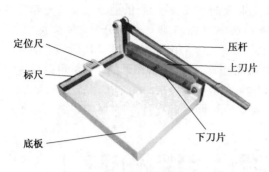

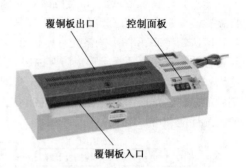

图 4-18　PCB 手动裁板机外形　　　　图 4-19　PCB 热转印机外形

（1）将印有 PCB 图形的热转印纸有碳粉的一面贴覆铜板的覆铜面上，对好位置后将转印纸四边向后折边，并用透明胶带将折边与覆铜板的光面（元件面）粘贴固定。在操作过程中，应避免热转印纸与覆铜板表面横向摩擦，否则碳粉容易脱落造成蚀刻时的瑕疵。

（2）在热转印机温度达到预设温度时，将贴好图形转印纸的覆铜板慢慢推入热转印机覆铜板入口，稍候片刻，覆铜板将从热转印机后端送出。为保证图形转印的效果，可以将覆铜板送入热转印机再印 1~2 次。

（3）待覆铜板冷却后，小心地将转印纸慢慢从覆铜板上揭去，此时转印纸上的图形已全部转移到覆铜板上去了。

（4）检查覆铜板上的碳粉是否有麻点、断线、脱落等现象，如有瑕疵，可用毫笔蘸油漆填补。如希望在蚀刻后的印制电路板上留有铜箔构成的其他图形符号，可用毫笔蘸油漆描绘，注意不能造成原 PCB 图形线条间短路。当覆铜面上有脱落移位的碳粉时，需用镊子取下，否则在蚀刻时多余的碳粉会造成 PCB 腐蚀不彻底甚至连线间短路。

经过以上步骤，图形转移已完成，可进入蚀刻环节。

4. 蚀刻

1）三氯化铁蚀刻

手工制板常用三氯化铁作为蚀刻溶剂。常温下，三氯化铁为淡黄色晶状体，有强腐蚀性。蚀刻前用玻璃器皿或塑料容器按与水 1∶2 的配比混合成蚀刻液，使用时应避免洒落在容器外，禁止皮肤直接接触。提高蚀刻液温度可加快化学反应速度，缩短完成蚀刻的时间。

将图形转移后的覆铜板浸入配制好的蚀刻液中，搅动蚀刻液，30 min 左右可完成蚀刻。腐蚀好的印制电路板，用清水反复冲刷干净后即可进行钻孔处理，不需要去除碳粉。

2）快速制板机蚀刻

快速制板机是专为手工制作印制电路板而设计的，采用环保蚀刻溶剂，有多个蚀刻槽，可以对蚀刻液加温和搅拌，以提高蚀刻速度，如图 4-20 所示。

使用环保蚀刻溶剂的快速制板机进行蚀刻时，可按以下步骤进行：

（1）将三包环保蚀刻溶剂倒入蚀刻槽中，加水至液面指示线，并稍做搅拌。

（2）将蚀刻槽内的加热器温度调节旋钮调整在 45~50 ℃。

（3）打开总电源并按下送气按键和加温按键，让制板机内部产生的气体在蚀刻液中形成回流，达到搅拌蚀刻液的目的。

（4）将已实现图形转移的覆铜板用夹子夹住空白区域放入蚀刻液中进行蚀刻，约 10 min 即可完成。由于采用环保蚀刻溶剂，全程清晰可见，可肉眼观察覆铜板的腐蚀进展。

（a）快速制板机

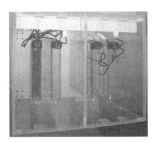
（b）蚀刻槽

（c）蚀刻中

图4-20 快速制板机及工作过程

（5）用清水冲刷腐蚀好的印制电路板即可进行钻孔处理。

使用时如蚀刻溶剂浓度过高（长时间置放、高温蒸发、比例不对等），可能会在底部产生结晶，此时继续蚀刻有可能会在铜箔上结晶造成点状蚀刻不全，因此每次蚀刻前应检查并补充水分至液面线。蚀刻时液体中会产生气泡（氧气），此为正常化学反应现象。新配置的蚀刻溶剂无颜色，蚀刻后蚀刻溶剂会变蓝，依蓝色深浅可判断药液新旧和浓度。新液蚀刻一块印制电路板约需 10 min，如超过 45 min 还不能蚀刻完，则需重新配置蚀刻液；陈旧的蚀刻液不能随意倒掉，可用配套的废液处理制剂进行中和处理，处理后的废液可作为一般垃圾处理。

5. 打孔

PCB 打孔机用图 4-21 所示的专用高速 PCB 钻床。该钻床可加工孔径范围为 0.6～5 mm，钻速可调，最高转速可达 10 000 r/min。

钻头工作时上下运动钻孔，在放入印制电路板前，应先检查钻头是否能穿过工作台平面的中心孔，如不能，则在钻孔时会碰断合金钻头，需重新调整台面。按孔径越小钻速越高，孔径越大钻速越低的原则来调整合适的钻速，以钻孔后焊盘内径周边光滑无翘起的铜丝屑为佳。钻孔时，孔位要对准焊盘中心。压下钻头时要轻，盲目用力会压断钻头甚至压破印制电路板。必须在主轴电动机停转后再切断电源，否则钻头不能复位。

将钻孔后的印制电路板用细砂纸加水润滑后轻轻打磨掉

图4-21 高速 PCB 钻床

热转印时留下的碳粉和钻孔时留下的铜屑，晾干后迅速涂覆松香水，防止覆铜面被氧化。注意印制电路板的覆铜面只有几十微米厚，如过度打磨会影响印制电路板的性能。

6. PCB 检查

印制电路板在制作完成后，需要检验合格才能进行元器件插装和焊接。实验室手工制作印制电路板时按以下步骤进行：

1）目测

目测主要用肉眼检查印制电路是否整齐、清晰，有无毛刺、麻点、缺口、断线或搭桥、短路现象；检查钻孔边缘是否光洁无毛刺，有无漏打、错打。如有少量瑕疵，可用刀刻掉残留的连接或用焊锡连通断掉的线条，瑕疵太多时需重新制作。

2）机械尺寸检查

用游标卡尺或其他长度测量工具检查印制电路板外形尺寸与固定孔尺寸、多引脚元件的组合尺寸是否符合要求以及钻孔的孔径是否合适等。

3）印制电路板的电气连接性能检查

采用化学蚀刻方法制作印制电路板时，如果蚀刻时间过长，有些应保留的连线可能会出现麻点、缺口、断线等现象；如果蚀刻时间过短，会有部分需去掉的残留覆铜而影响印制电路板的绝缘性能甚至出现电气连接的短路。检查时用万用表 $R \times 10$ k 挡测量印制电路板的绝缘，特别应检查间距密集的连线之间、焊盘之间以及走线与焊盘之间的绝缘；用万用表的 $R \times 100$ 挡检查过孔、应导通的导线是否导通，重点检查有麻点、缺口、边缘不齐的导线以及破损的焊盘、过孔。

4）可焊性检查

可焊性是衡量印制电路板与元件引脚间电气焊接性能的重要指标。可焊性好指焊料在导线和焊盘上可自由流动及扩展，形成黏附性连接，焊点饱满而有光泽。如果印制电路板覆铜面氧化或不清洁，焊料虽然在焊盘表面堆积，但未和焊盘表面形成黏附性连接，则需用细砂纸打磨覆铜面的氧化层，用工业酒精擦洗覆铜面。实验室制作印制电路板时通常用烙铁试焊来检查可焊性。

五、思考与练习

MF47指针式
万用表组装

（1）为什么用热转印纸打印 PCB 图形时要注意是否需要镜像？

（2）总结采用热转印工艺加化学蚀刻法制作 PCB 的流程及每一步骤的注意事项。

任务 4.4　MF47 指针式万用表组装

一、任务和目标

1. 基本任务

组装一块 MF47 指针式万用表，完成参数计算与调整，并校验测量精度。

2. 知识目标

(1)掌握电阻串并联、分压分流等基本电路知识的应用。

(2)理解电流、电压、电阻测量原理。

(3)理解仪表测试精度及误差的基本概念。

3. 技能目标

(1)能对常用元器件进行识别和常规检测。

(2)能按工艺要求组装完成万用表并进行校验。

(3)掌握基本的装配工艺。

二、相关知识

1.MF47 指针式万用表的组成

万用表是一种多功能、多量程的便携式仪表，一般都具有测量电阻、电压、电流的 3 种基本功能，因此习惯称为三用表。不同型号的万用表，测量功能及量程也不同，大部分万用表除三用表功能外，还可以测量电容、电感、频率、功率、晶体管直流电流放大倍数等。万用表的结构主要由转换装置、显示部分和测量电路三大部分组成,通常按显示方式分为指针式万用表和数字万用表。本任务采用的 MF47 指针式万用表,由磁电式微安表头、若干分流电阻和分压电阻、整流元件、干电池等组成,其组成结构可分为转换装置、显示部分、测量电路三大部分。

1)转换装置

转换装置由外壳、转换开关、电池夹等组成。转换开关是万用表选择不同测量对象和不同量程时进行电路切换的元件,包括转轴、电刷及测量电路的触片。MF47 指针式万用表转换开关采用三触点二十四掷的机械开关。最外层有 24 个挡位,每个挡位与一定的测量对象相对应,当转轴转动时,电刷随着转动,挡位随之改变。

2)显示部分

显示部分由表头及刻度盘组成。表头采用高灵敏度的磁电式直流微安表。最常见的万用表表头指标为:灵敏度 289 μA,内阻 1 040 Ω。表头是万用表的关键部分,很多重要性能如灵敏度、准确度等级、阻尼以及指针回零大都决定于表头。刻度盘上刻有多种量程的刻度,以便直接读出被测量数据。表盘上标有一些数字和符号,它们表明了万用表的性能和指标。

3)测量电路

测量电路的作用是把各种被测的电量转换成适合于驱动表头偏转所需的微小直流电流。测量电路按功能可分为电流变换电路、电压变换电路和整流电路以及其他功能拓展电路。电流变换电路将被测大电流通过分流电阻变换成表头所需的微小电流;电压变换电路将被测高电压通过分压电阻变换成表头所需的低电压;整流电路将被测的交流电压通过整流器件变换成表头所需的直流电压;其他功能拓展电路用以实现电容、电感、晶体管直流电流放大倍数 h_{fe}、音频电平等测量功能。

2. MF47 指针式万用表的功能与性能

MF47 指针式万用表具有 26 个基本量程和电平、电容、电感、晶体管直流参数等 7 个附加量程。在万用表的刻度盘上标有电阻指示刻度线、交直流电流和电压指示刻度线、电平指示刻度线等,在仪表盘下方标注有准确度等级等特征符号。第一条刻度线指示欧姆挡读数,用于电阻测量;第二条刻度线指示交、直流电流和电压读数,分为 0~10、0~50、0~250 共三个量程;第三条刻度线指示晶体管直流电流放大倍数读数;第四条刻度线指示电容值读数;第五条刻度线指示电感值读数;第六条刻度线指示音频电平值读数。MF47 指针式万用表各刻度线的量程指示范围如表 4-2 所示。

表 4-2　MF47 指针式万用表各刻度线的量程指示范围

量程范围		灵敏度及电压降	精度	误差表示方法
直流电流	0-0.05 mA-0.5 mA-5 mA-50 mA -500 mA-5 A	0.3 V	2.5	以上量限的百分数计算
直流电压	0-0.25 V-1 V-2.5 V-10 V-50 V -250 V-500 V-1 000 V -2 500 V	20 kΩ/V	2.5	
交流电压	0-10 V-50 V-250 V(45-65-500 Hz) -500 V-1 000 V-2 500 V(45-65 Hz)	4 kΩ/V	5	

续表

	量程范围	灵敏度及电压降	精度	误差表示方法
电阻	$R\times1$、$R\times10$、$R\times100$	$R\times1$ 中心 16.5 Ω	2.5	以上量限的百分数计算
	$R\times1$ k、$R\times10$ k		10	以指示值的百分数计算
音频电平	−10~+22 dB	0 dB = 1 mW　600 Ω		
晶体管直流电流放大倍数	0~300			
电感	20 ~ 1 000 H			
电容	0.001 ~ 0.3 μF			

3. MF47 指针式万用表电路的工作原理

1) 直流电流的测量

万用表表头常采用灵敏度为 289 μA、内阻 1 040 Ω 的磁电式直流微安表。表头灵敏度 289 μA 亦即其满量程为 289 μA,因此在实际进行直流电流测量时需要在表头上并联分流电阻来扩大测量量程。图 4-22 所示是一个简化的直流电流测量电路,其中 R_g 为表头内阻,R_s 为分流电阻,被测电流 I 从正端流入后被分成两个支路即 I_g 和 I_s,最后又回到负端。分流电阻越小,可分流更多的被测电流,从而可测量更大的电流。通过配以不同阻值的 R_s,就可以适应不同的测量量程。

从图 4-22 中可以推导出分流电阻的计算公式,即

$$I = I_g + I_s \qquad R_g I_g = I_s R_s$$

所以

$$R_s = \frac{R_g I_g}{I_s} = \frac{R_g I_g}{I - I_g}$$

例如,要将 $R_g = 1\,040\ \Omega$,$I_g = 289\ \mu A$ 的表头改造为能测量 1 mA 的电流,按上面所推导出的 R_s 表达式,可计算出并联的分流电阻为 423 Ω。

万用表需要多个直流电流测量量程时,每个量程需配备不同的分流电阻 R_s,往往采用如图 4-23 所示的环形分流器来实现。在电路中,各挡分流电阻彼此串联,然后与表头并联,形成一个闭合回路。当转换开关置于不同位置时,分流电阻不同,表头的等效内阻也不同,从而构成不同量程的挡位。

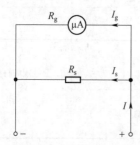

图 4-22　简化的直流电流测量电路

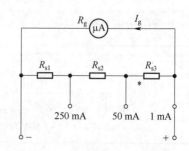

图 4-23　多量程电流测量(环形分流器)

2）直流电压的测量

在用万用表测量直流电压时,往往将量程扩展为 1 mA 的表头当成基本电压表使用。需要测量较高电压时,利用分压电阻与表头内阻分压来实现。图 4-24 是基本电流表表头并联 423 Ω 分流电阻后成为 1 mA 的电流表,它实际上也等效于一个灵敏度为 1 mA、内阻 $R_g = \dfrac{1\,040 \times 423}{1\,040 + 423}\Omega = 300\ \Omega$、满量程为 1 mA×300 Ω = 300 mV 的电压表。

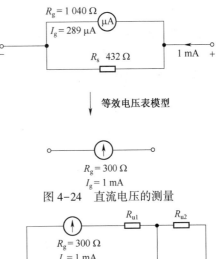

图 4-24 直流电压的测量

测量电压大多采用电阻降压的方法来限制通过仪表的电流。多量程电压表的测量原理图如图 4-25 所示,其中分压电阻可按下式计算:

$$R_{u1} = \frac{U_1}{I_g} - R_g$$

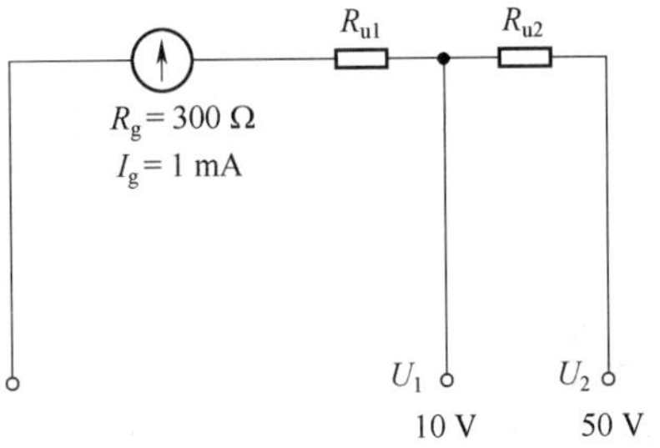

代入数据后可算出 10 V 挡分压电阻 R_{u1} 为 9 700 Ω。图 4-25 中,50 V 挡的分压电阻由 R_{u1}、R_{u2} 串联组成,也就是低量程挡的分压电阻是高量程挡分压电阻的组成部分,用计算 R_{u1} 同样的方法可计算出 R_{u2}。

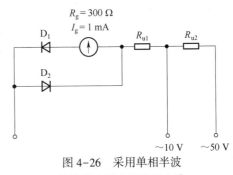

图 4-25 多量程电压表的测量原理图

在万用表中,常用每伏的电阻值来表示电压灵敏度,如 1 000 Ω/V。

3）交流电流、电压的测量

由于磁电式万用表本身只能测量直流电压和电流,万用表在测量交流时需用整流电路将输入交流整定为直流实现,测量量程的扩大和直流挡相同。图 4-26 所示为采用单相半波整流的交流电压测量电路。

由于 D_1 与表头串联,流过表头的电流只有半个周期。按正弦波单相半波整流理论可知,整流后的脉动电流为交流有效值的 0.45 倍。因此,灵敏度为 1mA 的测量机构,就相当于通过交流有效值 $I_U = I/0.45 = 2.22$ mA 的交流电

图 4-26 采用单相半波整流的交流电压测量电路

流。由于万用表交流电流的刻度线是按正弦波整流理论来指示的,因此万用表测量交流电量只限于正弦波。图 4-26 中 D_2 是防止 D_1 在反向电压作用下被击穿。

4）电阻的测量

万用表是利用欧姆定律的原理来测量电阻的,测量原理如图 4-27 所示。图 4-27 中 $I_g = E/(R_g + R_r + R_x)$,$I_g$ 为被测电路的电流,R_g 为表头内阻,R_r 为串联电阻,R_x 为被测电阻,E 为电池电压。R_g、R_r、E 为已知数,电路中电流的大小是 R_x 的函数,即表头指针偏转角与 R_x 成函数关系,通过欧姆挡的刻度即可反应被测电阻的大小。

将图 4-27 中 1、2 点短路,回路中电流最大,此时表头指针正好在满刻度值,对应的被测电阻 $R_x = 0$;在 1、2 点位置串入被测电阻,且 $R_x = R_g + R_r$ 时,回路电流为最大值的一半,指针

的偏转角为满刻度值的一半,此时的阻值称为中心阻值,用 R_T 表示。选定 R_T 后便可以对刻度标尺进行电阻值的刻度,R_x、R_T 与表头指针偏转角关系如表 4-3 所示。从表中可以看出,电阻值在标尺上的刻度分布是不均匀的,而且是自右向左增大的,右半部分标识的阻值小且稀疏,左半部分标识的阻值大且紧密。

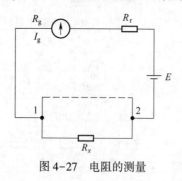

图 4-27　电阻的测量

表 4-3　R_x、R_T 与表头指针偏转角关系

R_x	指针偏转角
0	满刻度
R_T	中心
$2R_T$	1/3 处
$5R_T$	1/6 处
∞	指针不动

万用表测量电阻时通常用 1.5 V 的干电池作电源,干电池用久了其端电压会下降,这样当 $R_x = 0$ 时,指针将停留在 0 Ω 的左边。为了消除测量误差,通常在测量电路中加一个调零电阻,手动调节调零旋钮使 $R_x = 0$ 时指针与标尺上的 0 Ω 对齐。另外,万用表的 10 kΩ 挡用于测量大阻值的电阻,因被测阻值大,如果仍采用 1.5 V 的干电池,则回路电流会很小,不足以驱动表头指针偏转,因此 10 kΩ 挡通常使用 9 V 叠层电池供电。

5）电平的测量

电平是一个功率增益概念,单位为贝尔（B）,电平定义如下:

$$S = \lg(P_2/P_1)$$

式中,P_1 为输入功率;P_2 为输出功率。

如果电路测量点的电阻值相等,依据 $P = U^2/R$,电平也可用电压比值的对数表示,即

$$S = 2\lg(U_2/U_1)$$

贝尔单位比较大,习惯上用分贝（dB）表示,1B = 10 dB。

上述电平是个增益概念,也就是相对电平,为了能测量出电路某处的绝对功率或电压,常规定一个零电平,在万用表中定义负载电阻为 600 Ω,消耗功率为 1 mW 的电平为零电平。则绝对电平可表示为

$$S = 10\lg(P_X/P_0) \quad 或 \quad S = 20\lg(U_X/U_0)$$

式中, $U_0 = \sqrt{P_0 R_0} = 0.775$ V。

可见,万用表测电平实质上是交流挡测电压,而标尺以电平进行刻度。

6）MF47 指针式万用表电路原理图

MF47 指针式万用表电路原理图如图 4-28 所示。由于不同厂家提供套件的器件编号可能不一样,故图 4-28 仅供原理参考,以实训套件配套的电路原理图为准。

三、实施条件

1. 仪表和工具

（1）直流稳压电源 1 台:输出 0~24 V 可调。

（2）交流调压器 1 台:输入电压为交流 220 V,调压输出为交流 0~380 V。

（3）标准表（0.5 级交、直流电压表,直流电流表）或 4 位半数字万用表。

（4）标准电阻箱。

（5）30 W 内热式电烙铁、尖嘴钳、斜口钳、镊子、螺钉旋具等常用工具各 1 把。

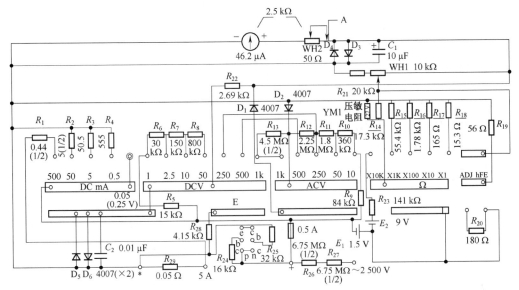

图 4-28　MF47 指针式万用表电路原理图

2. 材料

MF47 指针式万用表套件每人 1 套,器件清单在套件配套资料中。

四、步骤和方法

1. 识读电路原理图

对照电路原理图,逐一分析电阻、电压、电流的测量原理及测量时的信号流程。理解每一个元器件在电路中的作用及对万用表性能的影响。

2. 器件清点与检测

（1）按套件所附器件清单,清点元器件,核对型号。

（2）检测元器件质量。为使组装后的万用表达到测量精度要求,应对全部器件特别是分流电阻、分压电阻的电阻值进行检测。检测电阻时,选用准确度较高的指针式万用表或数字万用表,不符合质量要求的器件不能采用。

（3）检测关键部件质量。表头的质量至关重要,对表头的外观、指针的灵活性、阻尼性能、机械调零进行检测,表头在出厂时已调整好,不要随意拆开。转换开关涉及万用表的可靠性,要求开关触点紧密,导电性良好,旋动转轴轻松而有弹性,挡位入位时定位准确。

3. 焊接与组装

万用表体积较小,装配工艺要求较高,元器件、组件的布局必须紧凑,否则焊接完工后无法装进表盒。不同厂家提供的套件所用印制电路板不尽相同,按套件附带的装配图进行装配,焊接组装时注意焊接工艺要求和结构装配顺序。表头连线在校验时再焊接。

1）焊接工艺要求

（1）布线合理,长度适中,引线沿底壳应走直线、拐直角。

（2）转换开关内部连线要排列整齐,不能妨碍其转动。

（3）焊点大小要适中、圆润、牢固、光亮美观,不允许有毛刺或虚焊,焊锡不能粘到转换开关的固定连接片上。

（4）注意二极管、电解电容的正负极性不能反；二极管架空焊接且距印制电路板 2 mm。

2）结构装配顺序

（1）将铭牌贴在面板上,装电池夹。

（2）安装转换开关：先将弹簧、钢珠放入孔内,再将开关旋钮插入面板中心孔中。

（3）安装表头：装入表头,用 4 颗 M3×6 螺钉固定。

（4）装电刷：注意电刷安装方向,装反后极易引起簧片变形甚至断裂。

（5）将焊接好的印制电路板卡入机壳中,并把电刷固定在与面板指示相对应的位置。

（6）装配提手,注意垫圈位置不可装错,提手螺母应松紧合适。

（7）把后盖组件与面板组件组合在一起。

4. 调试与校验

1）调试

焊接好被测表的表头引线正端,数字万用表设置在 20k 挡,红表笔接原理图（见图 4-28）中 A 点,黑表笔接万用表表头负端,调可调电阻 WH2,使数字万用表显示值为 2.5 kΩ,调好后再焊接表头负端。只要装配无误,通过上述方法调整,万用表的精度基本满足要求。

2）电阻挡校验

调整电阻箱电阻值,用万用表测量标准电阻箱的电阻值并与电阻箱读数比较。电阻箱设定的电阻值应涵盖万用表 5 个电阻挡的测量范围。

3）电压挡校验

MF47 指针式万用表具有直流电压测量和交流电压测量功能。首先按图 4-29（a）所示连接直流电压挡校验电路,将被测万用表置于 10 V 直流电压挡,调整稳压电源输出,使标准表显示值分别为 2 V、4 V、6 V、8 V、10 V,记录被测万用表相应的电压读数,填入表 4-4 中。最后调整稳压电源输出在合适范围,分别检查被测万用表其他各直流电压挡是否正常。

表 4-4　10 V 直流电压挡校验数据

10 V 直流	标准表/V	2	4	6	8	10
	被测表/V					
	相对误差					

交流电压挡校验电路如图 4-29（b）所示。将被测万用表置于 250 V 交流电压挡,调整交流调压器输出,使标准表显示值分别为 25 V、50 V、100 V、150 V、220 V,自行设计表格记录被测万用表相应的电压读数,并计算相对误差。最后调整交流调压器输出在合适范围,分别检查被测万用表其他各交流电压挡是否正常。

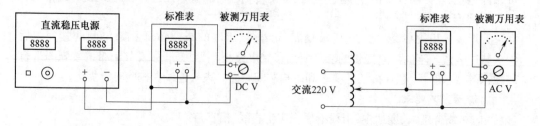

（a）直流电压挡的校验电路　　　　（b）交流电压挡的校验电路

图 4-29　电压挡的校验电路

4）直流电流挡校验

直流电流挡校验电路如图4-30所示。将滑线式变阻器电阻值调整在50 Ω，被测万用表置于50 mA电流挡，红表笔调整到电流测试插口，调整稳压电源输出电压，使标准表显示电流分别为2.5 mA、5 mA、10 mA、25 mA、45 mA，自行设计表格记录被测万用表的电流读数，并计算相对误差。最后调整稳压电源输出在合适范围，分别检查被测万用表其他各直流电流挡是否正常。

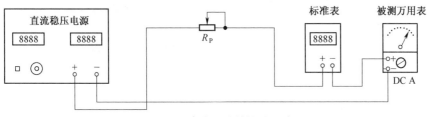

图4-30 直流电流挡校验电路

5）故障检修

MF47指针式万用表常见故障现象及故障常发原因如表4-5所示。

表4-5 MF47指针式万用表常见故障现象及故障常发原因

故障分类	故障现象	故障常发原因
表头	摇动表头，指针不动或摆动不正常或无阻尼	（1）表针支撑部位卡住。 （2）游丝绞住。 （3）机械平衡不好。 （4）表头断线或分流电阻断线
电阻挡	指针无指示	（1）转换开关公共端触点引线断。 （2）调零电位器中心焊点引线断。 （3）转换开关接触不良
	正负表笔短接时，指针调不到零欧姆	（1）电池电量不足。 （2）转换开关接触电阻增大
	调零时指针跳跃不稳	调零电位器接触不良或阻值变大
	个别量程误差大	该挡分流电阻或分压电阻变值或烧坏
	个别量程不工作	（1）该量程转换开关接触不良。 （2）该量程的串联电阻开路
直流电流挡	指针无指示	（1）表头线圈脱焊或动线圈断路。 （2）表头串联电阻损坏或脱焊。 （3）分挡开关未接通
	各量限的误差有正也有负	（1）表头本身特性改变。 （2）某一挡分流电阻焊接不良时一般先正误差后负误差。 （3）分流电阻某一挡因烧坏而短路时，一般先负误差后正误差。正、负误差转换的那一挡分流电阻是故障所在
	各挡量程值偏高	（1）与表头串联的电阻值变小。 （2）分流电阻值偏高。 （3）表头灵敏度偏高
	各挡量程值偏低	（1）表头串联电阻值增大。 （2）表头灵敏度偏低

续表

故障分类	故障现象	故障常发原因
直流电压挡	指针无指示	(1)电压转换开关公用接点脱焊。 (2)最小量程挡分压电阻断线或损坏
	某量程挡不工作,而其他挡正常	(1)转换开关接触不好或烧坏触点。 (2)转换开关触点接线或附加电阻断线、脱焊
	小量程误差大,随量程增大误差变小	小量程分压电阻故障,如变值、短路等
	某量程示值不准确,该挡以前各挡正常;该挡以后各挡随量程增大,误差反而变小	该挡分压电阻有故障,如变值、短路等
	某一挡后的各挡都不通	开始出现不通时的那一个量程的分压电阻脱焊或断线
交流电压挡	指针轻微摆动或指示极小	整流二极管被击穿
	各挡示值偏低同一比例	整流二极管性能不佳,反向电阻减小

5. 万用表测量练习

1)万用表器件检测练习

用万用表练习测量电阻、电容、电感、二极管、三极管,根据电解电容的充放电特性判断其正负极,学会用万用表判别三极管管型及各极名称。

2)万用表电量测量练习

用万用表进行直流电流、电压及交流电压的测量练习。

五、思考与练习

(1)简述交直流电压测量原理以及万用表是如何实现交直流测量的挡位切换的。

(2)为什么万用表 $R \times 10$ k 挡要使用 9 V 电池?

模块 5 综合技能实训

综合技能实训安排在电子技术基础课程(或模拟电路与数字电路课程)学习的中后期进行。通过实训,巩固模拟电路与数字电路基本理论,熟悉电路的性能与特点,将理论与实际融合。通过本模块内任务的实施,训练学生电子产品的组装工艺及调试与检测方法,提升其实践能力。

本模块包含 6 个实训任务,任务 5.1"OTL 功率放大器的制作"和任务 5.2"串联开关型稳压电源的制作"基于模拟电路理论,涉及运算放大器、乙类功放、开关稳压电源等知识点,采用印制电路板制作工艺;任务 5.3"九段数字定时器的制作"和任务 5.4"可预置时间的倒计时定时报警器的制作"基于数字电路理论,涉及组合逻辑电路、时序逻辑电路的基本原理,以在实验板上搭接电路的方式开展,训练学生电路的搭接设计的实践能力;任务 5.5"SMT 多路波形发生器的制作"和任务 5.6"SMT 八路抢答器的制作"涉及 SMT 制造工艺,通过印刷机、回流焊等设备的使用,熟悉贴装过程及工艺要求。

任务 5.1 OTL 功率放大器的制作

一、任务和目标

1. 基本任务

用化学蚀刻法,每人独立制作一块 OTL 功率放大器印制电路板,并焊接、组装、调检、试听与测量。

2. 知识目标

(1)熟悉音频功率放大器的组成以及高低音调节、音量控制的原理。

(2)掌握集成运算放大器的线性放大原理及其指标计算。

(3)掌握 OTL 功率放大器的电路组成及其特点。

3. 技能目标

(1)能用化学蚀刻法独立制作实验印制电路板。

(2)能对多级放大电路进行调试、检验以及指标测量。

(3)能熟练使用直流稳压电源、示波器、信号源。

二、相关知识

1. OTL 功率放大器的基本组成

OTL 功率放大器是一种典型的多级放大电路,一般由前置放大电路、音调调节电路、功率放大电路三级构成,其组成框图如图 5-1 所示。

前置放大电路输入的信号来自传声器(俗称"话筒")或 MP3、收音机等音源,信号幅度一般只有 5 mV 左右,因此前置放大电路主要完成对音频小信号的放大,要求有一定的放大倍数且输入阻抗高、输出阻抗低、频带宽、噪声小;音调调节电路实现音频信号高、低频分量的提升或衰减;功率放大电路对已预放大和音调调节后的信号进一步放大至所要求的输出功率,功率放大电路在保证输出功率达到要求时,非线性失真系数还要尽可能小。

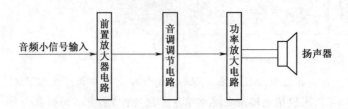

图 5-1　功率放大器组成框图

2. OTL 功率放大器原理

1) 整机电路图

OTL 功率放大器整机电路原理图如图 5-2 所示①。

来自话筒或其他音源的小信号首先经由 LM324 集成运算放大器组成的两级前置放大电路进行放大,即图中的 U1 LM324A(记为 U1A)、U1 LM324B(记为 U1B)两级。前置放大后的音频信号送入运算放大器 U1 LM324C(记为 U1C)构成的音调调节电路,进行高频、低频的提升或衰减调整。末级功放由分离器件构成 OTL 电路,采用 9 V 单电源供电。为了保证集成运放的动态工作范围,各集成运放的同相输入端直流电位都由电阻分压为 $0.5V_{CC}$。

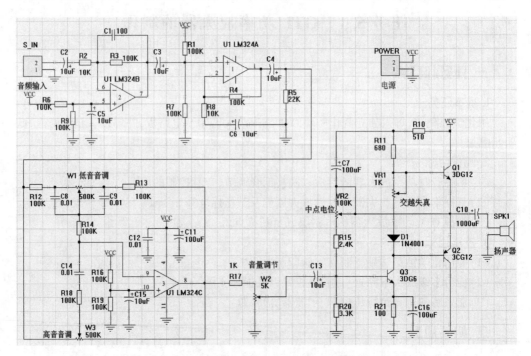

图 5-2　OTL 功率放大器整机电路原理图

---

① 模块 5 及模块 6 中部分电路原理图为仿真软件截图,其图形符号与国家标准符号对照关系见附录 A。软件图中 10 uF = 10 μF,10 K = 10 kΩ,其余类同。

2）前置放大单元

由于话筒提供的信号非常微弱,故一般在音调控制器前面要加前置放大器。考虑到电路对频率响应及零输入(即输入短路)时的噪声、电流、电压的要求,本项目中采用两级同相比例放大器组成前置放大电路。

音频小信号经电容 C_2 耦合送入 U1B 组成的同相比例放大器,其电压放大倍数

$$A_{u1B} = 1 + \frac{R_3}{R_2}$$

按图中参数,$R_3$①为 100 kΩ,R_2 为 10 kΩ,则第一级前置放大电路电压放大倍数 A_{u1B} 为 11。同理,可计算出第二级前置放大电路电压放大倍数 A_{u1A} 也为 11。

前置放大电路总电压放大倍数等于两级电压放大倍数之乘积,即

$$A_u = A_{u1A} \cdot A_{u1B} = 11 \times 11 = 121$$

3）音调调节单元

音调调节电路是为了按一定的规律控制、调节音响放大器的频率响应,更好地满足人耳的听觉特性而设置的。一般音调控制器只能对低音和高音的增益进行提升或衰减,而中音信号的增益不变。音调控制器的电路结构有多种形式,在高保真音响中,通常按频率区间范围分多段进行音调调整。本任务只设低音调节和高音调节两部分,音调调节单元电路如图 5-3 所示。

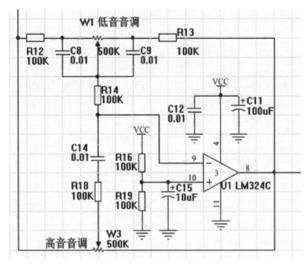

图 5-3　音调调节单元电路

4）功率放大单元

功率放大电路有许多种形式,本任务采用分离器件构成的单电源互补对称放大电路组成输出级,功率放大单元电路如图 5-4 所示。

三极管 Q_1、Q_2 为不同类型,组成互补对称输出级;三极管 Q_3 为推动级,由于采用单电源供电,输出必须采用耦合电容隔断直流,因此本电路属于典型的 OTL 功率放大电路。

工作在乙类工作状态的 OTL 功率放大电路,由于双管互补轮流导通,在输入信号幅度小于三极管的 U_{be} 时,双管都会截止,负载上无电流通过,出现所谓"死区"并产生交越失真。

---

① 　R_3 对应图 5-2 中 R3,其余类同。

克服交越失真的措施就是避开死区电压,使两只输出管都处于微导通状态。图 5-4 中的 D_1、$VR_1$①即在静态时为 Q_1、Q_2 提供偏压,使其处于微导通状态,当微小的输入信号一旦到来,三极管立即进入线性放大区,从而克服交越失真,此时输出管处于甲乙类工作状态。VR_1 用来调整微导通状态,从而进一步减小交越失真。此外,D_1 还有温度补偿作用,使输出管静态电流基本不随温度的变化而变化,从而获得稳定的工作状态。

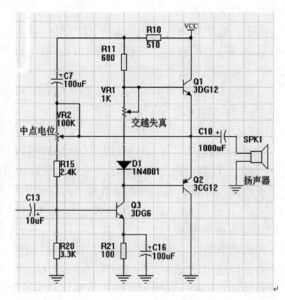

图 5-4　功率放大单元电路

图 5-4 中 VR_2 的作用是调整输出管静态工作点的对称性。由于 OTL 功率放大电路采用单电源供电,其输出中点电位应为 $0.5V_{CC}$,当电路参数不对称造成中点偏移时,可以通过 VR_2 微调中点电位,以改善输出波形正负半周的对称性。

三、实施条件

1. 仪表与设备

(1)直流稳压电源 1 台:双路输出,电压 3~15 V 可调,输出电流≥0.5 A。

(2)示波器 1 台:频率为 20 MHz,双踪。

(3)低频函数信号发生器 1 台。

(4)交流毫伏表 1 只。

(5)不小于 10 W 的无源音箱 1 个。

(6)热转印机 1 台。

(7)PCB 蚀刻加热容器 1 个,三氯化铁或环保型 PCB 蚀刻制剂适量。

2. 工具

万用表 1 块,20~30 W 内热式烙铁、小十字头螺钉旋具、尖嘴钳、斜口钳、镊子各 1 把。

3. 器件

OTL 功率放大器器件清单见表 5-1。

表 5-1　OTL 功率放大器件清单

名称	型号/规格	数量	备注
电阻	100 Ω	1 个	
电阻	510 Ω	1 个	
电阻	680 Ω	1 个	

---

① D_1、VR_1 对应图 5-4 中 D1、VR1,其余类同。

续表

名称	型号/规格	数量	备注
电阻	1 kΩ	1个	
电阻	2.4 kΩ	1个	
电阻	3.3 kΩ	1个	
电阻	10 kΩ	2个	
电阻	22 kΩ	1个	
电阻	100 kΩ	12个	
瓷片电容	100 pF	1个	
瓷片电容	0.01 μF	4个	
电解电容	10 μF/16 V	7个	
电解电容	100 μF/16 V	3个	
电解电容	1 000 μF/16 V	1个	
IC 插座	DIP16	1个	
集成电路	LM324	1个	
二极管	1N4001	1个	
三极管	3DG12	1个	
三极管	3CG12	1个	
三极管	3DG6	1个	
可调电阻	1 kΩ	1个	
可调电阻	100 kΩ	1个	
旋转电位器	5 kΩ	1个	
旋转电位器	500 kΩ	2个	
单股导线	φ0.5 mm,长度 10 cm	6根	至少 3 种颜色
单面覆铜板	72 mm×92 mm	1块	

四、步骤和方法

1. 印制电路板的制作

将覆铜板裁剪成 72 mm×92 mm 大小,按任务 4.3"印制电路板制作"中的方法制作印制电路板。印制电路板制作完成后按图 5-5 检查印制电路板连接线及焊盘是否完好并修补缺陷。

2. 元器件清点与检测

(1)按表 5-1 的器件清单,清点元器件,核对型号。

(2)用万用表检测元器件质量,判别 3DG6、3DG12、3CG12 各电极排列顺序。

3. 器件组装与检查

印制电路板装配图如图 5-6 所示。器件组装完毕后焊接 2 根音频输入线和 2 根电源连接线,注意电源正负连接线要采用不同颜色,以示区分。对照电路原理图、装配图检查并确保器件型号正确、数值准确、极性无误、安装到位,再检查焊点是否饱满圆滑,应无虚焊、半焊、连焊、漏焊等瑕疵,必要时使用万用表检测。

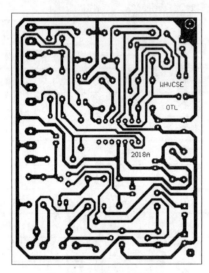

图 5-5　印制电路板图

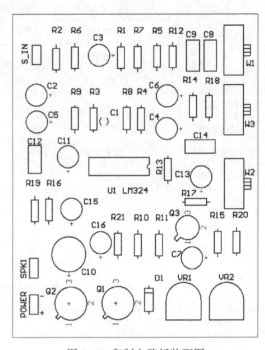

图 5-6　印制电路板装配图

4. 电路调试与检测

1)电源接入

本电路采用 9 V 单电源。首先断开稳压电源与印制电路板间的连接,将稳压电源的输出调整到位。调整好电源输出后先关掉稳压电源开关,再连接电源与印制电路板之间的连线。

断开音箱与印制电路板之间的连线后再打开稳压电源开关。首次通电时密切注意稳压电源电压指示是否有跌落,印制电路板上是否有冒烟、器件发热等异常现象,如有异常,需立即切断电源,排除故障后才允许再次通电。

2)OTL 中点电位调整

在不接音箱的情况下,将功率放大级输入电容 C_3 的输入端(电容负极)对地短路,调整 VR_2 使中点直流电位(Q_1 与 Q_2 两管发射极的结合点的电位)为 $0.5V_{CC}$,误差控制在 0.1 V 以下,VR_2 一经调好,不要再随意调动。

3)工作点检测

将音频输入端对地短路,测量 LM324 各引脚电位,$Q_1 \sim Q_3$ 各电极直流电位,并分析电路工作是否正常。

4)信号测试

用函数信号发生器产生 1 kHz、5 mV 的正弦波信号加到音频输入端 S_IN,用双踪示波器一路监测输入信号波形,另外一路监测扬声器两端的输出信号波形,如无输出或输出有自激振荡,则应先消除(例如,通过在电源对地端并联滤波电容等措施)。电路工作正常后进行以下测量:

(1)前置放大电路电压增益测量。用示波器或交流毫伏表测量 U1A 的输出电压,并计算前置放大器的增益。

(2)整机电路总增益测量。示波器接扬声器两端,将音调调节电位器 W_1、W_3 调整在中间位置,调整音量调节电位器 W_2,测量并读出输出端示波器波形无明显失真时的最大值,并计算电路总增益。

(3)观测音调调整时输出波形变化。观测音调调节电位器 W_1、W_3 分别在最大、最小位置时输出正弦波波形的变化情况。

5. 整机效果检查

在音频输入端加入音乐信号,分别调整音量、高音、低音调节电位器,体验声音变化情况。用绝缘螺钉旋具轻轻敲击印制电路电路板,检查有无声音间断和自激等异常现象。

五、思考与练习

(1)简述本任务整机电路工作原理。

(2)设计表格并填入 LM324 各引脚以及 $Q_1 \sim Q_3$ 各电极直流电位的测量值。

(3)简述前置放大器电压增益和整机电路总增益的测量方法,以实测数据计算其增益。

任务 5.2　串联开关稳压电源的制作

一、任务和目标

1. 基本任务

用化学蚀刻法制作一块串联开关稳压电源印制电路板,并焊接、组装、调检与指标测试。

2. 知识目标

(1)掌握串联开关稳压电源的工作原理。

(2)掌握电源各种技术指标定义及意义。

3. 技能目标

(1)能用化学蚀刻法独立制作实验印制电路板。

(2)能使用仪器仪表测试电源的常用指标。

二、相关知识

常用的电源电路形式有线性稳压电源和开关稳压电源两大类。线性稳压电源又称串联调整式稳压电源,具有电路简单、稳压性能好的特点。但其调整管是串联在输入电压和输出电压之间的,稳压是通过调节三极管的压降来实现的,而调整管工作在放大区,且全部负载电流都通过调整管,因此它的 U_{CE} 压降大,三极管功率消耗较多,效率一般只有 50% 左右。开关稳压电源的调整管工作在高频开关状态,截止期间没有电流流过,不消耗能量;饱和导通时的功耗为饱和压降与电流 I_{ce} 的乘积,由于晶体管的饱和压降低,因此电路的功耗小,效率可达 80% ~ 90%。开关稳压电源与线性稳压电源相比,具有体积小、质量小、效率高等优点。

随着电子技术和集成电路技术的发展,开关稳压电源的类型越来越多,比如有串联型、并联型和变压器耦合型开关稳压电源,自励式、他励式开关稳压电源,脉冲宽度调制式、脉冲频率调制式开关稳压电源等很多类型。在实际应用中,串联型开关稳压电源是开关稳压电源最基本的类型。

1. 串联型开关稳压电源组成原理

串联型开关稳压电源框图及各点波形图如图5-7所示。其中V为开关管,D为续流二极管,电感 L 为储能元件,C 为滤波电容。

当开关管基极输入开关脉冲信号时,开关管将周期性地处在饱和导通与截止两个状态,设开关周期为 T,导通周期为 T_{on},截止周期为 T_{off}。在 T_{on} 期间,开关管饱和导通,二极管 D 因反偏而截止,电感 L 两端电压为 $(U_i - U_o)$。由于电路参数 L 选择很大,故流过 L 的电流 i_{L1} 近似线性增大,$i_{L1} = (U_i - U_o) \, t/L$,该电流一方面通过电容 C 平滑滤波后输出 U_o 提供给负载,同时在电感 L 上存储了磁场能量。理想状态下,V 饱和导通时,U_{CE} 约 0.3 V,二极管 D 截止。T_{on} 期间流经电感的电流 i_L 称为 i_{L1},i_{L1} 电流通路为从 U_i 正端出发,经开关管 V 的集电结、电感 L、负载回到 U_i 负端(地)。

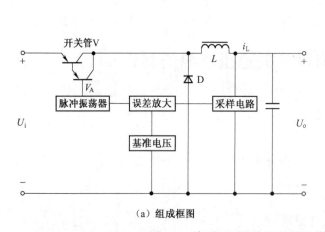
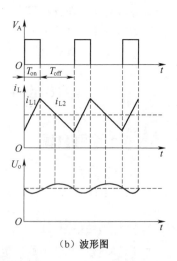

（a）组成框图　　　　　　　　　　　　（b）波形图

图 5-7　串联型开关稳压电源组成框图及波形图

T_{off} 期间,V 截止,由于电感中的电流不能突变,通过电感 L 的电流不断减小,于是在电感两端产生左负右正的感应电压。此感应电压使二极管 D 正偏而导通,电感 L 中存储的磁能通过 D 和负载释放,释放电流近似为随时间线性减小的锯齿波电流,继续维持负载电流。T_{off} 期间电感 L 的储能作为能量源,流经电感的电流 i_L 称为 i_{L2},i_{L2} 电流通路为从电感 L 右端(相当于 T_{off} 期间的电源正)出发,经负载、续流二极管 D 回到电感左端(相当于 T_{off} 期间的电源负)。

在一个周期内,开关管导通期间电感 L 存储的能量等于截止期间释放的能量,即开关管饱和期间通过电感电流的增量 ΔI_{L1} 与开关管截止期间电感电流的减少量 ΔI_{L2} 相等时,电路达到动态平衡,获得一个稳定输出 U_o。

根据稳定条件 $\Delta I_{L1} = \Delta I_{L2}$,可推导出稳压输出:

$$U_o = U_i \cdot T_{on}/(T_{on} + T_{off})$$

即通过控制开关管激励脉冲的占空比来调整开关电源输出电压 U_o。

2. 串联型开关稳压电源电路

串联型开关稳压电源电路原理图如图5-8所示。

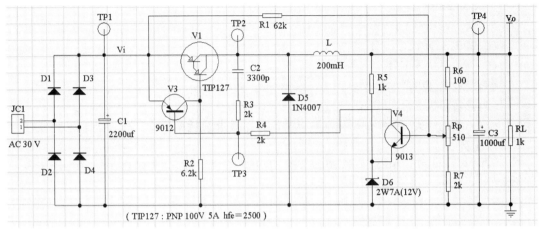

图 5-8 串联型开关稳压电源电路原理图

图中二极管 $D_1 \sim D_4$ 及电容 C_1 组成整流滤波电路；电阻 R_6、R_7 和可调电阻 R_p 组成采样电路；V_1 是复合管，作为开关调整管使用，V_3 是脉宽调整管；V_1、V_3 以及 C_2、R_3 组成自激振荡器；R_5 和稳压二极管组成基准电压源；D_5 称为续流二极管，L 是储能电感，同时 D_5、L 和 C_3 组成输出滤波器。

交流 220 V 电网电压接入电路时，经变压器降压、桥式整流器整流后输出直流电压 U_i，其正端与 V_1 发射极相接，负端经电阻 R_2 给 V_1 基极提供偏压，使调整管饱和导通。此时，V_1 发射极处于高电位，输出电流供给负载，续流二极管 D_5 截止，同时对电容 C_3 充电，当电压升高到一定程度时，误差放大器 V_4 开始工作。

V_4 工作后，开关调整管的输出电流即向电容 C_2 充电，C_2 上的电压为上正、下负。当 C_2 充电至一定程度时，V_3 饱和导通，其管压降 U_{ce3} 很小，V_1 基极电位升高，迫使开关管 V_1 截止，此时储能电感上的电流已上升到最大值。但由于开关管的关断，将使 L 上的电流减小，这个变化的电流在 L 上产生的感应电势为左负、右正，将阻止电流减小，同时使续流二极管 D_5 导通，L 上的能量便通过 D_5 与负载构成通路，使之继续向负载供电。当 L 向负载提供的电压低于 C_3 两端电压时，C_3 便补充供电，以补充 L 释放电能的不足，使输出电压保持为平滑的直流。

一旦开关管 V_1 进入截止状态，C_2 便从充电状态转为放电状态，进而发展到反向充电状态，C_2 上的电压上负、下正。当反向充电达到一定程度时，V_3 由于其基极电位升高而截止，开关管 V_1 基极重新获得低电位而导通，自激振荡便如此循环下去，其振荡频率主要由电阻 R_3 和电容 C_2 决定。

由于某种原因使输出电压上升时，经采样电路给误差放大管 V_4 基极提供的电位升高，使其集电极电流增大，管压降 U_{ce4} 减小，从而加速对 C_8 的充电。C_8 两端电压迅速升高，V_4 集电极电位迅速降低，使脉冲宽度调制管 V_3 很快从截止转为导通，并增加了导通时间。而 V_1 则相应地延长了截止时间，使输出的脉冲宽度变窄，使已升高的输出电压又降了下来。反之，当输出电压下降时，其调节过程相同，方向相反，把下降的输出电压又升起来，从而保持输出电压的稳定。

三、实施条件

1. 仪表与设备

（1）交流调压器1台。

（2）20 MHz 示波器1台。

（3）交流毫伏表1台。

（4）滑线式变阻器1个。

（5）热转印机1台。

（6）三氯化铁或环保制剂型化学制板设备1套,配相应耗材。

2. 工具

万用表1块,20~30 W 外热式电烙铁、小十字头螺钉旋具、尖嘴钳、斜口钳、镊子各1把。

3. 器件

串联型开关稳压电源材料清单见表5-2。

表5-2　串联型开关稳压电源器件清单

名称	型号/规格	数量	备注
达林顿管	TIP127	1个	
三极管	9012	1个	
三极管	9013	1个	
二极管	1N4007	5个	
稳压二极管	2W7A（12V）	1个	
可调电阻	510 Ω	1个	
（1/4）W 电阻	100 Ω	1个	
（1/4）W 电阻	1 kΩ	2个	
（1/4）W 电阻	2 kΩ	3个	
（1/4）W 电阻	6.2 kΩ	1个	
（1/4）W 电阻	62 kΩ	1个	
电解电容	1 000 μF/50 V	1个	
电解电容	2 200 μF/50 V	1个	
瓷片电容	3 300 pF	1个	
电源变压器	5 W,单绕组 30 V	1个	
护套电源线	带两芯插头	1个	交流 220 V
散热器	与 PCB 安装尺寸相符	1个	
M3 螺钉	配弹簧垫圈	1个	固定散热器
M4 螺钉	配平垫、弹垫、螺母	2个	
单面覆铜板	70 mm×108 mm	1块	
绝缘套管	φ4 mm,长度 3 cm	2根	变压器进线连接

四、步骤和方法

1. 印制电路板制作

将覆铜板裁剪成 70 mm×108 mm 大小,并按任务 4.3"印制电路板制作"中的方法制作印制电路板。印制电路板制作完毕后按图 5-9 检查印制电路板连接是否完好并修补缺陷。

2. 元器件清点与检测

(1)按表 5-2 的器件清单,清点元器件,核对型号。

(2)用万用表检测阻容元件、三极管的好坏并判断三极管各电极。

(3)判断变压器的一、二次侧:用 $R×100$ 电阻挡分别测量变压器两个绕组的电阻,一次绕组匝数多、线径细,因而电阻值较大,为几千欧;二次绕组匝数少、线径粗因而电阻值较小,为几十至几百欧;如测得电阻值为无穷大,则说明该绕组开路。

3. 器件组装与检查

1)组件装配

(1)变压器组件:将变压器一次绕组两根线与带插头的电源线焊接,注意接头处应套上绝缘套管,并保证焊点不外露,绝缘套管无破损并紧固而不滑动。

(2)开关管组件:开关管功率较大,需安装散热器。装配时将开关管的金属面贴着散热器的凹槽,再用 M3 螺钉固定,固定时确保散热器的中心轴线与开关管中心轴线一致。

2)元器件组装与焊接

装配图如图 5-10 所示。元器件组装焊接完毕后对照原理图、装配图检查并确认器件型号正确、数值准确、极性无误、安装到位,再检查焊点,应饱满圆滑,无虚焊、半焊、连焊、漏焊等瑕疵。

3)总装

(1)插入并焊接开关管散热器组件,注意组件与印制电路板垂直且插入到位。

(2)变压器上的固定孔对准印制电路板上的安装孔,用两颗 M4 螺钉固定变压器组件。注意变压器与元器件安装在同一面,变压器一次侧安装在印制电路板边缘侧,二次侧在元器件测。固定好变压器组件后,将二次级绕组输出线插入印制电路板上 JC1 两焊接孔并焊接。

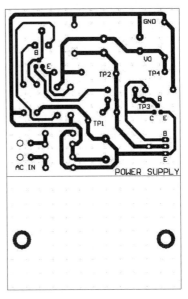

图 5-9 印制电路板图

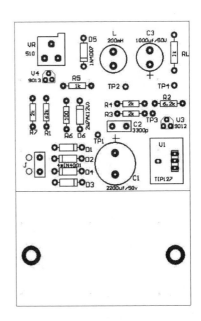

图 5-10 装配图

4. 电路调试与检测

1）电源接入

本电路采用交流 220 V 电源供电。首次通电时密切注意印制电路板上是否有冒烟、器件发热等异常现象，如有异常，需排除故障后才允许再次通电。

2）电压调整

用万用表检测电源输出，即 R_L 两端电压，调整可调电阻 R_P，使输出在（15±0.1）V。如无电压输出或输出不可调，应首先检查变压器二次电压及整流输出的脉动直流电压是否正常，再逐级测量 $V_1 \sim V_4$ 的工作点，分析各管工作状态找出故障并排除。

3）电压及波形测量

（1）用万用表分别测量并记录 $TP_1 \sim TP_4$ 各点的直流电压。

（2）用交流毫伏表测量并记录 TP_1、TP_4 的纹波电压。

（3）用示波器测量并记录 TP_2、TP_3 的交流电压波形，读出周期，计算频率及占空比。

5. 整机指标测试

直流稳压电源虽然具有自动稳定电压的功能，但在实际使用中，随着外部电源电压的变化以及负载电流变化，输出电压仍然会有些变化。在输出直流电压中还叠加有无用的，甚至是有害的工频和高频交流分量（纹波）。衡量一个稳压电源的性能优劣，通常需要测量电压调整率、电流调整率、输出电阻、纹波系数、效率等指标。

1）测量电压调整率

在负载电阻一定的情况下，由于输入交流电压的波动而引起输出电压的不稳定，可用电压调整率来描述。其定义为，当输入交流电压变化 10% 时，输出电压的变化量与输出电压的额定值的比值，用 S_U 表示，即

$$S_U = \frac{U_{o2} - U_{o1}}{U_o} \times 100\% \quad （负载不变，输入交流电压变化±10\%）$$

电压调整率测试按以下步骤进行：

（1）将滑线式变阻器中心抽头调整在中间位置，并与直流电流表串联后接在稳压电源输出端，将交流稳压器输出调整在（220±1）V 后接入直流稳压电源的交流输入端。调整滑线式变阻器，使负载电流为 0.5 A，用万用表直流挡检测稳压电源输出，应为（15±0.1）V。

（2）将交流稳压器输出调整在 220×（1−10%）V，即 198 V，负载保持不变，用万用表测量并记录此时稳压电源直流输出电压 U_{o1}。

（3）将交流稳压器输出调整在 220×（1+10%）V，即 242 V，负载保持不变，用万用表测量并记录此时稳压电源直流输出电压 U_{o2}。

（4）根据测得结果计算电压调整率 S_U。

2）测量电流调整率

在输入交流电压一定的情况下，由于负载电流的变化而引起输出电压的不稳定，可用电流调整率来描述。其定义为，当输出电流从 0 到满载变化时，输出电压的变化量与输出电压的额定值的比值，用 S_I 表示，即

$$S_I = \frac{U_{o2} - U_{o1}}{U_o} \times 100\% \quad （输入交流电压不变，负载电流从 0 到额定值）$$

电流调整率测试按以下步骤进行：

（1）调整交流稳压器输出在（220±1）V后接入直流稳压电源的交流输入端,输出端不接负载,用万用表测量并记录此时稳压电源直流输出电压 U_{o2}。

（2）保持输入交流电压不变,接入滑线式变阻器作为电源负载,调整滑线式变阻器使负载电流为1A,用万用表测量并记录此时稳压电源直流输出电压 U_{o1}。

（3）根据测得结果计算电流调整率 S_I。

3）测量输出电阻 R_o

输出电阻又称电源内阻、等效内阻。其定义为,当稳压电源输入电压保持不变时,由负载电流变化量 ΔI_o 而引起的输出电压变化量 ΔU_o 的大小,用 ΔU_o 与 ΔI_o 的比值 R_o 表示:

$$R_o = \frac{\Delta U_o}{\Delta I_o} = \frac{U_{o2} - U_{o1}}{I_{o2} - I_{o1}} \quad （输入交流电压不变）$$

可见,稳压电源的输出电阻越小,负载电流变化时引起输出端电压波动越小,电源的稳定性越好,负载能力就强。

输出电阻测试按以下步骤进行:

（1）调整交流稳压器输出在（220±1）V后接入直流稳压电源的交流输入端,输出端不接负载,用万用表测量并记录此时稳压电源直流输出电压 U_{o2},此时电流 I_{o2} 为0。

（2）保持输入交流电压不变,接入滑线式变阻器作为负载,调整滑线式变阻器,使得此时负载电流 I_{o1} 为1A,用万用表测量并记录此时稳压电源直流输出电压 U_{o1}。

（3）根据测得结果计算 R_o。

4）测量输出纹波系数

由于直流稳定电源一般是由交流电源经整流稳压等环节构成的,不可避免地在直流稳定量中带有一定的交流成分。在开关电源中,输出滤波电路也很难完全滤除开关振荡脉冲的交流成分,这些叠加在直流稳定量上的交流成分统称为纹波。纹波大小可以用纹波电压有效值或纹波系数 γ 表示,即

$$\gamma = \frac{U_{rms}}{U_o} \times 100\%$$

式中, U_{rms} 为纹波电压有效值; U_o 为输出直流电压额定值。

由于纹波电压不一定是正弦波电压,对非正弦波电压有效值的测量,交流毫伏表会有较大误差,因此要求比较严格的电源往往用纹波电压的峰-峰值来衡量。

纹波测试按以下步骤进行:

（1）纹波系数 γ 测定:用交流毫伏表测量直流输出电压上叠加的交流分量有效值 U_{rms},用万用表测量输出直流电压额定值 U_o,两个电压均以V为单位,计算纹波系数 γ。

（2）纹波电压峰-峰值测定:用示波器测量输出直流电压上的交流分量,将示波器扫描频率调整在最高位,此时波形为一条竖线,读出竖线高度值,即为纹波电压峰-峰值。

五、思考与练习

（1）以表格方式记录测量电压调整率、电流调整率、输出电阻、纹波系数时的原始数据,并计算这4项性能指标。

（2）画出测量电压调整率时的接线示意图,并简述测量方法。

（3）画出测量输出电阻时的接线示意图,并简述测量方法。

九段数字定时器的制作

任务 5.3　九段数字定时器的制作

一、任务和目标

1. 基本任务

分析九段数字定时器工作原理,在单面实验电路板上手工搭接线路并进行安装与焊接;完成检测和调试;进行周期测量与波形绘制。

2. 知识目标

(1)掌握 CMOS 十进制计数译码器 CC4017 和 14 级二进制串行计数器 CC4060 的主要功能、引脚排列和使用方法。

(2)掌握振荡频率及分频的计算方法。

3. 技能目标

(1)能使用通用实验电路板搭接实验电路。

(2)能熟练使用直流稳压电源、示波器、频率计。

(3)能使用仪器仪表测量周期、频率并绘制波形。

二、相关知识

九段数字定时器是利用自带振荡器的 14 级二进制串行计数器 CC4060 进行振荡和分频的,将周期 1 s 的方波振荡信号送到十进制计数译码器 CC4017。CC4017 按输入方波信号的节拍,轮流点亮代表 9 段定时时间的 9 个发光二极管。

1. CC4017、CC4060 器件简介

1)十进制计数译码器 CC4017

CC4017 由计数器和译码器组成,引脚排列如图 5-11 所示,功能表见表 5-3。

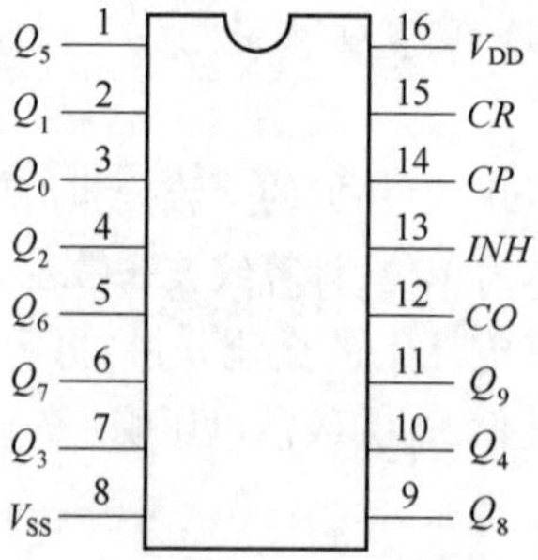

CC4017

Q_5	1		16	V_{DD}
Q_1	2		15	CR
Q_0	3		14	CP
Q_2	4		13	INH
Q_6	5		12	CO
Q_7	6		11	Q_9
Q_3	7		10	Q_4
V_{SS}	8		9	Q_8

图 5-11　CC4017 引脚排列

表 5-3　CC4017 功能表

输入			输出	
CP	INH	CR	$Q_0 \sim Q_9$	CO
×	×	H	Q_0	
↑	L	L		计数脉冲为 $Q_0 \sim$
H	↓	L	计数	Q_4 时:CO=H
L	×	L		
×	H	L		计数脉冲为 $Q_0 \sim$
↓	×	L	保持	Q_9 时:CO=L
×	↑	L		

CC4017 各脚功能定义如下:

电源接入引脚(2 个):V_{DD}(16 引脚)、V_{SS}(8 引脚),分别为正负电源接入端,输入电压范围为 3~15 V。

控制引脚(3个):CP(14引脚)为脉冲信号输入端;CR(15引脚)为复位(Reset)端,当此引脚为高电平时,CD4017的Q_0输出为"1",其余$Q_1 \sim Q_9$为"0";INH(13引脚)为时序允许端,当此引脚为低电平,CP输入脉冲在上升沿时使CD4017计数,并改变$Q_1 \sim Q_9$的输出状态。如CP接高电平,则INH的下降沿时使CD4017计数。

数据输出引脚(11个):$Q_0 \sim Q_9$(3,2,4,7,10,1,5,6,9,11引脚),十进制输出端,只有被计数到的输出引脚值为"1",其余各引脚值为"0"。CO(12引脚):进位输出端,当CD4017计数10个脉冲之后,CO将输出一个代表进位的脉冲,利用进位输出可将多片CD4017串联使用。

2)带振荡器的14级二进制串行计数器CC4060

CC4060是一个带振荡器的14位二进制串行计数器,振荡元件可以外接RC或晶体振荡器。作为串行计数器,内部有14级计数单元,但仅有10个输出端子,而$Q_1 \sim Q_3$和Q_{11}这4个端子未引出。CC4060引脚排列如图5-12所示,功能表见表5-4。

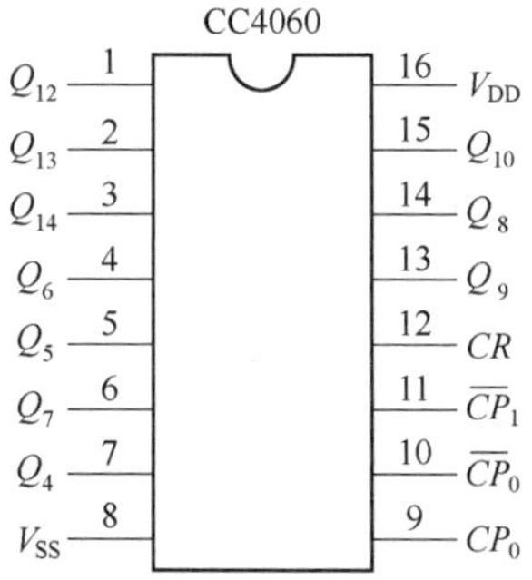

图5-12　CC4060引脚排列

表5-4　CC4060功能表

输入		功　能
$\overline{CP}$	CR	
×	H	清　除
↓	L	计　数
↑	L	保　持

CC4060各脚功能定义如下:

电源接入引脚(2个):V_{DD}(16引脚)、V_{SS}(8引脚),分别为正负电源接入端,输入电压范围为3~15 V。

控制引脚(1个):CR(12引脚)是清零端,为高电平时,计数器清零且振荡器无效。

时钟输入/输出端(3个):$\overline{CP}_1$(11引脚)时钟输入端,$\overline{CP}_0$(10引脚)反相时钟输出端,CP_0(9引脚)时钟输出端。在利用CC4060内部振荡器进行时钟产生时,$\overline{CP}_1$、$\overline{CP}_0$、CP_0为外部振荡器接入端。

数据输出引脚(10个):CC4060内部有14级计数单元,但外部仅引出了$Q_4 \sim Q_{10}$、$Q_{12} \sim Q_{14}$共10个计数输出。在$\overline{CP}_1$的下降沿以二进制进行计数。由于在时钟输入端上使用了施密特触发器,因而对时钟上升沿和下降沿时间无严格限制。

CC4060依据应用不同,可组成晶体振荡器或RC振荡器。图5-13所示为CC4060组成的晶体振荡器。图中晶体振荡器的频率$f = 32\ 768$ Hz(即2^{15} Hz),如果从CC4060的Q_{14}端输出,则进行了14分频(分频系数=2^{14})后的输出脉冲频率为2 Hz。如果该脉冲的占空比为50%,则输出信号的脉宽为1 s,因此图5-13所示电路又称秒脉冲产生器。

CC4060也可组成RC振荡器,电路如图5-14所示,其振荡周期由R_T、C_T元件决定:

$$T \approx 2.2R_T C_T$$

一般R_T的取值应大于1 kΩ,C_T取值应大于100 pF,R_T和C_T值太小电路不易起振。R_s的设置是为了改善振荡器的稳定性,一般有$R_s \geqslant 10R_T$。

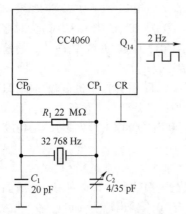

图 5-13　CC4060 组成的晶体振荡器

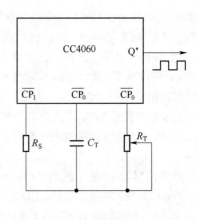

图 5-14　CC4060 组成的 RC 振荡器

2. 九段数字定时器工作原理

九段数字定时器电路原理图如图 5-15 所示。按图中参数计算出振荡信号的周期,假设可调电阻处于中间位置,即 $R_T \approx 5$ kΩ。

$$T \approx 2.2R_T C_T = 2.2 \times (5 \times 10^3) \times (0.33 \times 10^{-6}) \text{ s} = 3.63 \times 10^{-3} \text{ s}$$

则 Q_{14} 输出的脉冲周期 $T_{Q14} \approx 3.63 \times 10^{-3} \times 2^{14}$ s ≈ 59.5 s,即约 1 min。

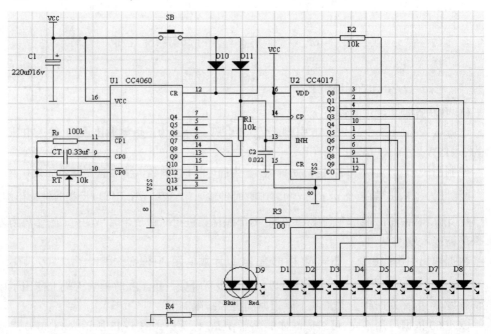

图 5-15　九段数字定时器电路原理图

Q_8 输出的脉冲周期 $T_{Q8} \approx 3.63 \times 10^{-3} \times 2^8$ s ≈ 0.93 s,即约 1 s,可用作秒定时脉冲。

CR 是清零端,加上高电平可使 CC4060 停振,并使输出端复位,变为低电平。因此,当按下按键 SB 时,V_{CC} 经 D_{10} 强制将 CR 端加上高电平,可使振荡电路复位。

U2 为采用 CMOS 工艺制造的十进制计数译码器 CC4017,其 CP 端接高电平,来自 CC4060 Q_8 的秒脉冲从 INH 输入,下降沿计数。

电源刚接通时,U2 的 Q_0 端输出的高电平经 R_2 加至 U1 的 CR 端,迫使 U1 停振,U2 因无时钟脉冲输入而处于停止状态。按下按键 SB 时，U1 的 *CR* 端和 U2 的 *INH* 端同时变为高电平，U1 清零复位；释放 SB 时，U2 的 *INH* 端跳变为低电平，其 Q_0 变为低电平，Q_1 端输出高电平点亮 D_8，这时 U1 开始振荡，U1 的 Q_7 输出的振荡脉冲将推动双色发光二极管 D_9 闪动绿光。随着 U1 的 Q_8 输出的秒脉冲持续加载在 U2 的 *INH* 端，U2 进行计数操作，依次从 $Q_1 \sim Q_9$ 输出秒脉冲点亮对应的发光二极管。当 U2 移位计数到 Q_9 时，Q_9 的高电平脉冲将点亮双色发光二极管的红色管芯，双色发光二极管因两种颜色的混色呈现橙色，代表一个循环完成。在 U1 的下一个时钟脉冲到来时，U2 的 Q_0 端出现正脉冲并封锁 U1 的振荡。

三、实施条件

1. 仪表与设备

（1）直流稳压电源 1 台：单电源，输出电压 3~15 V 可调，输出电流≥0.5 A。

（2）20 MHz 示波器 1 台。

（3）NFC1000 型计数器 1 台。

2. 工具

万用表 1 块，20~30 W 内热式电烙铁、十字头螺钉旋具、尖嘴钳、斜口钳、镊子各 1 把。

3. 器件

九段数字定时器器件清单见表 5-5。

表 5-5 九段数字定时器器件清单

名　称	型号/规格	数量	备　注
集成电路	CC4060	1 块	DIP16 封装
集成电路	CC4017	1 块	DIP16 封装
IC 插座	DIP16	2 个	
轻触按键		1 个	
电容	220 μF/16 V	1 个	
电容	0.33 μF	1 个	
电容	0.022 μF	1 个	
0.25 W 电阻	100 kΩ	1 个	
0.25 W 电阻	100 Ω	1 个	
0.25 W 电阻	1 kΩ	1 个	
0.25 W 电阻	10 kΩ	2 个	
可调电阻	10 kΩ	1 个	
发光二极管	ϕ5 mm	8 个	红色
双色发光二极管	ϕ5 mm	1 个	红绿双色
多孔实验 PCB	100 mm×60 mm	1 块	单面
单股硬芯铜线	ϕ0.6 mm	500mm	

四、步骤和方法

1. 元器件检测

按表 5-5 的器件清单清点元器件，核对型号。用万用表检测阻容元件质量是否良好。

普通发光二极管、双色发光二极管的万用表检测方法如下：

1）普通发光二极管的万用表测试

发光二极管的发光颜色取决于发光波长，而发光波长又取决于制造发光二极管所用的半导体材料，不同颜色的发光二极管的PN结正向导通电压不一样，一般在 1.6~3 V 间。因此采用指针式万用表时应切换到 $R×10$ k 电阻挡，该挡内部电源为 9 V，而其他各电阻挡内部电源仅为 1.5 V，不足以驱动发光二极管。正常时，发光二极管正向电阻阻值为几十至 200 kΩ，反向电阻阻值趋近于∞。如果正向电阻阻值为 0 或为∞或者反向电阻阻值很小，则说明该发光二极管损坏。在光线不是很强的环境下测试时，可以看到发光二极管发出的微光，从而可辨认出颜色。

2）双色发光二极管的万用表测试

双色发光二极管（见图 5-16）是将两种颜色的发光二极管封装在一起，引出 3 个引脚，其中一个引脚为公共端，依据内部连接的结构不同，可分为共阴极和共阳极两种。在判别公共端及共阳或共阴结构时，将万用表切换在 $R×10$ k 电阻挡，黑表笔（内部为电源正端）固定连接在任一引脚，红表笔分别接另外两个引脚，如果两次测得的电阻阻值为几十至 200 kΩ，则黑表笔所连接的引脚为公共端，且该双色发光二极管为共阳结构，图 5-17 所示为双色发光二极管内部结构图。如果用上述方法黑表笔轮流接 3 个引脚还不能测出两次电阻阻值为几十至 200 kΩ 的情况，则说明该双色发光二极管为共阴结构，此时应将红表笔固定在某一引脚，黑表笔轮流测试另外两个引脚进行测量。测量时可通过发光二极管发出的微弱光线判定颜色与引脚的对应关系。

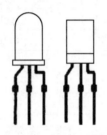

图 5-16　双色发光二极管外形

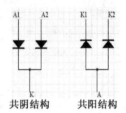

图 5-17　双色发光二极管内部结构图

2. 布线设计

先在坐标纸或白纸上按 1∶1 的比例画出布线图（画布线图时 PCB 尺寸及元件安装尺寸按实际材料尺寸），布线图上的焊盘中心都应在 2.5 mm 及其倍数上。布线在单面进行，应经过反复修改调整，走线横平竖直，每个信号走线尽量最短。在纸上完成布线设计后再进行实际电路的搭接。（实际工程项目中，如果电路结构简单，操作人员布线熟练，也可不在纸上进行布线设计，而是直接进行实际电路的搭接。）

布线设计一般规则：

（1）器件应布置在 PCB 的同一面（即元件面），布局应疏密均匀，整齐排列；涉及方向与极性的器件应在布线图上注明方向或极性；同类器件尽量有规律排列。如本任务中的 2 个IC 插座方向、8 个发光二极管的方向应一致，以免安装器件时方向或极性插反。

（2）显示器件布置在边缘或显著位置并应按其所指示的规律有序布置；需与外部连接的接线柱或接线座（如输入/输出线、电源及地的引入线等）以及需调整的器件应布置在PCB 边缘。如本任务中各发光二极管，应按各发光二极管所标示的意义有规律地排列。

（3）器件布局应便于走线最短。为此需对原理图进行分析，以对外连接线最多的器件为中心,其他相关器件在其周围均匀分布。如以 IC 等器件为中心。

（4）布线应横平竖直,电源线、地线尽量布置在四周,需与之连接的地方采用垂直连接方式,布线尽量不交叉。

（5）器件的封装尺寸应该按实物尺寸量取。本任务中的器件焊盘间的尺寸都是2.5 mm 的倍数。需成型折弯的器件,其固定孔也应该取 2.5 mm 的倍数,如电阻的跨距可取7.5 mm 或 10 mm。

（6）合理布置电源线与地线提高布通率。地线和电源线往往是连接器件最多的信号线,为了提高布线的布通率,减少飞线,通常将电源线和地线布置在 PCB 周边,其他需要连接地线或电源线的焊盘再搭接到周边的电源线和地线上。如果 PCB 中间区域有较多需要连接电源线或地线的焊盘,可以在 PCB 中间布置一根电源线或地线,避免需要较多的线连接到边缘的地线或电源线上,以减少连线数量,缩短连接距离。

3. 搭接电路

按布局设计图进行线路板组装及搭接,并注意以下事项：

（1）先组装元件高度低的器件,如电阻、IC 插座等;再组装体积大的器件。

（2）CMOS 集成电路因输入阻抗高、极易损坏,搭接电路时不得将集成电路芯片插入插座,应该在搭接完成后调试前再插入。

（3）连接线的裁剪长度必须合适,横平竖直,不得弯曲。

（4）搭接用的导线两端剥头 3 mm。

（5）焊点饱满、有光泽,不得有虚焊、漏焊。

（6）修整焊点,剪除多余的线头。

4. 调试与检测

电路的调试过程一般是先分级调试,再级联调试,最后进行整机调试与性能指标测试。在检测与调试过程中,要正确使用各种电子仪器对整机进行测试,并记录相应的数据。按如下步骤进行：

1）目测检查

首先检查电路的元器件是否有装配差错,重点检查有方向及极性的器件;然后检查连线是否正确,以及焊点有无漏焊、虚焊,特别应注意焊点之间或印制电路板上导线间有无短接,防止通电后由于某一部分的短路而造成元器件损坏。

2）万用表测试检查

通电前,用万用表测试是否有断路、短路的情况,接地点是否可靠共地,二极管、三极管、电容元件、集成电路块是否有损坏等,特别应重点检测电源对地间的电阻,避免电源对地短路,损坏器件或仪表。在排除了可能存在的问题后,即可进行通电调试。

3）通电调试

（1）电源调整。将稳压电源输出线与外部电路断开,调整输出在（5±0.2） V,然后关掉电源,再将电源输出线连接至经检查还有的搭接电路板的电源端口。注意,电源输出正负极不能接反。

（2）通电检查。打开电源开关的同时,观察稳压电源电压指示、电流指示是否正常,如电压跌落较多或电流显示较大,应该立即关断稳压电源输出并检查电路板。首次通电时应观察电路板上的器件是否有发热、冒烟等异常现象,如有异常,应立即关断电源。在故障排除前,不能随意再次通电。

（3）功能检查。电路的正常状态为：接通电源时,各发光二极管都不亮;按下启动按键

SB，D_9 每秒闪烁一次绿光，$D_8 \sim D_1$ 依次轮流点亮 1 s；当循环到 D_1 亮时，D_9 的闪烁颜色变为橙色(红色和绿色同时发光)，然后全部 LED 都熄灭，直到再次按下启动按键 SB 时，重复以上过程。只要电路安装无误，一般都能正常工作。

4）故障检修

常见故障现象及可能原因如下：

（1）按启动按键无反应：检查按键 SB、二极管 D_{10} 以及 U1 的振荡元件。

（2）发光二极管可以轮流点亮但不停止循环：检查 U1 的 *CR* 端与 U2 的 Q_0 端间的支路。

（3）发光二极管轮流点亮的时间间隔长或很短：检查 U1 的振荡元件以及 U1 分频输出端与 U2 的 *INH* 端连接是否正确。

5. 指标及波形测量

电路功能正常后，检测以下指标并进行波形测量：

（1）定时准确性：用秒表测量 $D_1 \sim D_8$ 轮流点亮的时间间隔。

（2）波形测量：用示波器测量并记录振荡电容 C_T 两端的波形，读出周期和幅度。

五、思考与练习

（1）画出本任务的电路原理图，绘制实际测试波形，并标明周期和电压幅度。

（2）计算 Q_7 的脉冲周期并画时序图说明，从 CC4060 的 Q_7 端引出的脉冲使双色发光二极管发绿光的亮灭规律。

（3）九段数字定时器原理图中，加在 U2 的 *INH* 端的时钟脉冲是从 U1 的 Q_8 端输出的，如果改为从 U1 的 Q_9 端输出，发光二极管轮流点亮的速度有什么变化？

任务 5.4　可预置时间的倒计时定时报警器的制作

一、任务和目标

1. 基本任务

分析倒计时定时报警器工作原理，在万能电路板上连接线路并进行安装，完成检测和调试并进行周期测量与波形绘制。倒计时定时报警器的技术要求如下：

（1）可预置 $1 \sim 99$ s 的倒计时时间，计时基准为 1 s。

（2）两位数码管显示剩余时间，计时时间到点亮发光二极管报警。

（3）设置倒计时定时报警器启动、暂停/继续、清零的外部操作功能。

2. 知识目标

（1）掌握 555 定时器构成振荡器的应用原理及振荡频率的计算。

（2）掌握时序逻辑电路的基本分析方法及计数器 74HC192 的应用。

（3）掌握 LED 数码管的译码驱动原理。

3. 技能目标

（1）能使用万能电路板搭接较复杂的实验电路。

（2）能熟练使用直流稳压电源、示波器、频率计。

（3）能使用仪器仪表测量周期、频率并绘制波形。

二、相关知识

倒计时定时报警器总体框图如图 5-18 所示。

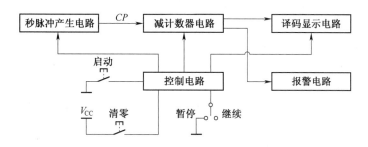

图 5-18　倒计时定时报警器总体框图

倒计时定时报警器主要由秒脉冲产生电路、减计数器电路、译码显示电路、控制电路和报警电路组成。减计数器电路完成计数时间预置和减计数功能,控制电路实现对定时器的逻辑控制和启动、暂停/继续、清零等外部操作功能,当计数时间到时发出报警信号。

控制电路的控制逻辑为:当启动按键按下时,读入预置的倒计时时间数据;释放启动按键后,计数器开始计数。在计数期间,暂停/继续开关处于"暂停"位置时,控制电路封锁时钟 CP,计数器因无计数时钟而处于封锁状态,译码显示单元显示暂停前的计数数字;当暂停/继续开关处于"继续"位置时,计数器连续计数;当按下清零按键时,计数器清零并显示"00"。

倒计时定时报警器电路原理图如图 5-19 所示,各单元电路原理介绍如下。

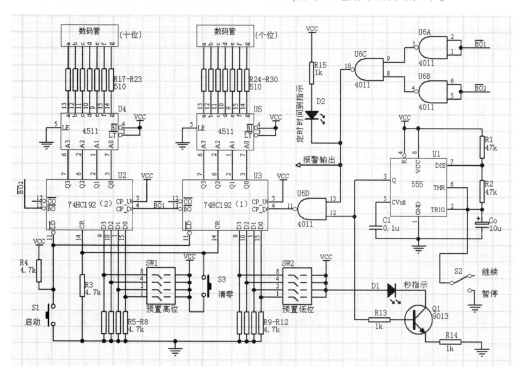

图 5-19　倒计时定时报警器电路原理图

1. 秒脉冲产生电路

555 定时器集成电路及其外围元件 R_1、R_2、C_0、C_1 构成多谐振荡器,其振荡周期为

$$T = 0.7(R_1 + 2R_2)C_0 = 0.7 \times (47 + 2 \times 47) \times 10^3 \times (10 \times 10^{-6})\ \text{s} = 987\ \text{ms} \approx 1\ \text{s}$$

在计数期间,开关 S_3 拨至"暂停"位置时,振荡电容 C_0 被短路,无秒脉冲输出而使定时器暂停;开关 S_3 拨至"继续"位置时,恢复秒脉冲振荡,定时器继续计数。

2. 减计数器电路

减计数器电路的核心为 74HC192,由两片 74HC192 分别完成个位、十位的减计数。

1)十进制同步加/减计数器 74HC192 简介

74HC192 是具有异步清零、异步预置功能的双时钟十进制同步加减计数器,其功能表见表 5-6。

表 5-6　74HC192 功能表

输　　　入								输　　　出			
CR	$\overline{LD}$	CP_U	CP_D	D_3	D_2	D_1	D_0	Q_3	Q_2	Q_1	Q_0
1	×	×	×	×	×	×	×	0	0	0	0
0	0	×	×	d_3	d_2	d_1	d_0	d_3	d_2	d_1	d_0
0	1	↑	1	×	×	×	×	递增计数			
0	1	1	↑	×	×	×	×	递减计数			
0	1	1	1	×	×	×	×	保　　持			

74HC192 有多种封装形式,本任务采用 DIP16 封装,5 V 单电源供电(16 引脚为 V_{CC},8 引脚为 GND),各引脚的功能如下:

$D_3D_2D_1D_0$ 和 $Q_3Q_2Q_1Q_0$ 分别为数据置入端和计数输出端,高电平有效,采用 8421BCD 编码。

CR:异步清零端,高电平有效。当 $CR=1$ 时,不管其他控制端状态如何,计数器清零。

$\overline{LD}$:异步置数控制端,低电平有效,当 $CR=0$、$\overline{LD}=0$ 时,$D_3D_2D_1D_0$ 的数据被置入 $Q_3Q_2Q_1Q_0$,不受 CP 控制。

CP_U/CP_D:分别为加/减计数脉冲输入端,在 $CR=0$、$\overline{LD}=1$ 且减计数脉冲输入端 CP_D 高电平时,对 CP_U 脉冲进行加计数;反之,在 $CR=0$、$\overline{LD}=1$ 且加计数脉冲输入端 CP_U 高电平时,对 CP_D 脉冲进行减计数。

$\overline{CO}$、$\overline{BO}$:分别为加法进位输出端/减法借位输出端,低电平有效。在加计数到 1001 时(即十进制 9),输出进位信号 $\overline{CO}$;在减计数到 0000 时,输出借位信号 $\overline{BO}$。

如要构成 2 位以上的十进制计数器,只需将低位的 $\overline{CO}$、$\overline{BO}$ 分别连接到高位的 CP_U、CP_D 就可以实现多位十进制数的连续加、减计数。

2)减计数器电路工作原理

减计数器电路原理图如图 5-20 所示。

按下清零按键 S_3 时,$CR=1$,不管其他控制端状态,计数器立即清零。常态时(未按下 S_3)由于 R_3 的下拉作用,$CR=0$。

按下启动按键 S_1 时,$\overline{LD}=0$,由于常态下 $CR=0$,此时 $D_3D_2D_1D_0$ 端通过预置开关 SW_1、SW_2 预置的数据 $d_3d_2d_1d_0$ 分别被置入个位、十位计数器且在各自的 $Q_3Q_2Q_1Q_0$ 输出。释放 S1 时,由于 R_4 的上拉作用,使得 $\overline{LD}=1$,计数器开始工作。图 5-20 中由于 CP_U 始终接高电平,因此 74HC192 工作在减计数器状态,在 CP_D 上升沿到达时刻进行减计数操作。当减计数到 00 时,个位、十位的借位输出 $\overline{BO_1}$、$\overline{BO_2}$ 同时输出低电平。两个借位输出的低电平信号经控制电路产生低电平有效的"计时到信号",封锁了秒脉冲输入端,使计数器维持在输出为00的状态。

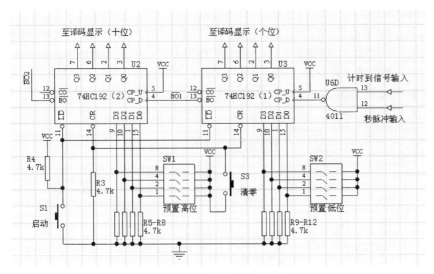

图5-20　减计数器电路原理图

3. 译码显示电路

译码显示电路对计数器的计数结果进行二-十进制转换和显示译码,并驱动数码管显示,译码显示电路原理图如图5-21所示。

集成电路4511是采用CMOS工艺制造的4线七段锁存/译码/驱动专用电路,$A_3 \sim A_0$是来自计数器的8421BCD编码输出,$Y_a \sim Y_g$为七段显示译码输出,高电平有效,可直接驱动共阴极数码对应各段。

LE、$\overline{BI}$、$\overline{LT}$是4511的3个控制端,控制逻辑为:$LE=0$、$\overline{BI}=1$、$\overline{LT}=1$时,工作于显示译码状态;$\overline{BI}=0$、$\overline{LT}=1$时,$Y_a \sim Y_g$输出都为低电平,接在其后的共阴极数码管不显示数字,即消隐状态;$\overline{LT}=0$时,$Y_a \sim Y_g$输出都为高电平,接在其后的共阴极数码管各段均亮而显示8字,即测试状态,以检测数码管各段是否正常。

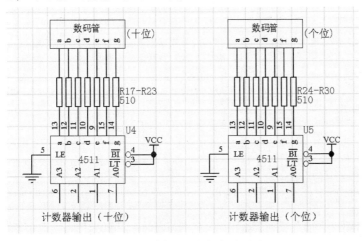

图5-21　译码显示电路原理图

4. 控制及报警电路

控制及报警电路实现计数时间到后对计数脉冲的封锁以及驱动发光二极管报警,电路原理图如图 5-22 所示。

当减计数到 00 时,个位、十位的借位输出 $\overline{BO_1}$、$\overline{BO_2}$ 同时为低电平,经 4011 与非门进行逻辑运算后在 U6C 的 10 引脚输出一个低电平,使报警用的发光二极管导通而发光,同时此低电平与来自振荡器的秒脉冲在 U6D 相"与"后,始终输出高电平,使秒脉冲不能加到计数器的脉冲输入端,计数器 74HC192 因其 CP_U、CP_D 都为高电平而处于保持状态。

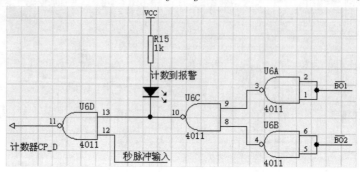

图 5-22　译码显示电路

三、实施条件

1. 仪表与设备

(1)直流稳压电源 1 台:单电源,输出电压 3~15 V 可调,输出电流≥0.5 A。

(2)20 MHz 示波器 1 台。

(3)NFC1000 型计数器 1 台。

2. 工具

万用表 1 块,十字头螺钉旋具、尖嘴钳、斜口钳、镊子各 1 把。

3. 器件

倒计时定时报警器器件清单见表 5-7。

表 5-7　倒计时定时报警器器件清单

名称	型号/规格	数量	备注
集成电路	74HC192	2 块	DIP16 封装
集成电路	4511	2 块	DIP16 封装
集成电路	4011	1 块	DIP14 封装
集成电路	555	1 块	DIP8 封装
数码管	SM4205	2 个	共阴极
拨码开关	4 位	2 个	
轻触按键		2 个	
拨动开关	单刀双掷	1 个	
0.25 W 电阻	47 kΩ	2 个	
0.25 W 电阻	4.7 kΩ	10 个	
0.25 W 电阻	1 kΩ	3 个	

续表

名称	型号/规格	数量	备注
0.25 W 电阻	510 Ω	14 个	
电容	10 μF/16 V	1 个	
电容	0.1 μF	1 个	
发光二极管	φ5 mm	2 个	红色、绿色各一个
万能电路板	2.54 mm 孔距	1 块	面积不小于 8 cm×10 cm
单股硬芯铜线	φ0.6 mm	500 mm	

四、步骤和方法

1. 电路连接

对照原理图规划元件格局，充分利用万能电路板上的互通孔，尽量使连接线少而短。连线时先不插入 74HC192、4011、4511 等 CMOS 集成电路芯片，电路连接完成后首先目测，再用万用表测量是否有漏连、错连、不通或短路的现象，特别检查电源和地之间是否有短路。检查无误后再插上集成电路芯片。

2. 通电检查

采用 5 V 单电源供电，电源接入前应先做如下准备：

（1）将电源与电路板断开，调整电源输出在 4.9~5.0 V 之间；

（2）将拨码开关 SW_1 设置为 0001，将 SW_2 设置为 1000，即 18 s 倒计时模式；

（3）将"暂停/继续"开关拨至"继续"位置。

经以上调整后，将电源接入电路。首次通电时，密切关注电源上的电压表指示是否有跌落，电路板上的器件是否有发热、冒烟现象，在故障排除前避免再次通电。

如电路连接无误、器件良好，通电后指示秒脉冲输出的发光二极管 D_1 应按秒闪烁。按清零按键，数码管应显示 00；按启动按键，应显示"18"，释放启动按键后开始倒计时，计时到后，发光二极管 D_2 点亮。如电路基本功能不正常，应分析原理图；按信号流程，分单元进行检查并排除故障，电路工作基本正常后进行功能检测。

3. 功能检测

功能检测分定时功能与外部操作功能两方面进行。

1）定时功能

秒脉冲是定时器工作的基准，秒脉冲的精度决定了定时器的定时精度。用频率计测量周期的方法测量并记录 555 集成电路 3 引脚输出的秒脉冲周期。如偏离 1 s 太多，可在 R_1 或 R_2 上串联 1~4.7 kΩ 电阻或并联 100~330 kΩ 电阻来微调秒脉冲周期。按 555 定时器构成多谐振荡器的周期计算公式，调整 R_2 比调整 R_1 对周期的影响更明显。

通过拨码开关 SW_1、SW_2 设置 60 s 的预置时间进行倒计时操作，用秒表测量并记录 60 s 定时的准确度。

2）外部操作功能

外部操作功能有定时器启动、暂停/继续、清零 3 种，按其功能定义分别进行操作检查。

4. 周期测量与波形测试

1）周期测量

用频率计测量秒脉冲的周期，并计算其相对误差。

2)波形测试

用示波器测量并绘制秒脉冲的输出波形。

五、思考与练习

(1)画出示波器测量出的秒脉冲波形,以所测得的秒脉冲周期以及 60 s 定时时间数据分别计算秒脉冲和 60 s 定时的相对误差。

(2)针对本任务的电路,如何增加计时时间到时的声音报警功能?画出局部电路图。

(3)如何将本任务电路功能更改为顺计时定时器?画出需更改的局部电路图。

任务 5.5　SMT 多路波形发生器的制作

一、任务和目标

1. 基本任务

了解 SMT(表面安装技术)现状及其发展;掌握手工贴片设备性能和操作方法;实际制作一台采用全 SMC 元件的集成多路波形发生器并进行测试。

2. 知识目标

(1)了解 SMT(表面安装技术)。

(2)理解多路波形发生器的产生原理。

(3)掌握丝印、回流焊的相关知识。

3. 技能目标

(1)能识读 SMC、SMD 器件。

(2)会设置回流焊温度曲线并操作回流焊设备。

(3)能从 PCB 设计图导出元件坐标并转换成贴片文件。

二、相关知识

SMT(surface mount technology,表面安装技术)是电子产业的重大技术创新,因其使用的电子元器件体积只有传统器件的几十分之一,从而实现了电子产品的小型化、高密度、高可靠、低成本以及生产的高度自动化。目前,世界范围内电子产品组装中采用 SMT 技术的比例已超过 80%,了解和掌握 SMT 相关技术已成为电子从业人员的必备技能之一。

1. SMT 生产工艺简介

早期的电子元器件都具有功能引出脚,这类器件称为 THT 器件,安装时将引脚穿过印制电路板焊盘孔进行焊接与固定,即所谓的 THT 插装工艺。随着电子技术高密度、小型化的发展要求,出现了新型表面安装元器件,即 SMC(表面安装元件)、SMD(表面安装器件),这类元器件安装时无引脚穿过印制电路板,而是在元件体的同一面进行焊接与固定。按贴片工艺设计的印制电路板称为 SMB。

目前,表面安装元器件的品种规格不很齐全,如功率器件、大容量电感电容还不能小型化为表面安装方式,因此大部分产品仍需插装器件和表面安装器件相结合,称为混合安装。单一采用表面安装元器件的称为全表面安装。结合安装方式和工艺流程,可以分为单面安装工艺、单面混装工艺、双面安装工艺、双面混装工艺 4 种。由于混装方式使用较广,因此下面重点介绍两种混装工艺,而单面和双面全表面安装工艺只是在对应的混装工艺流程中不包含插件和插件焊接两个环节。

1）单面混装工艺

单面混装工艺流程如图5-23所示，TOP面为单面印制电路板元件面，BOT面为单面印制电路板焊接面，在混装工艺流程中，先贴片再插装。印刷锡膏的作用是将焊膏漏印到印制电路板的焊盘上，固定元器件的位置并为焊接做准备。回流焊是SMT专业设备，其作用是将焊膏熔化，使表面安装元器件与SMB牢固黏合在一起并实现电气连接。BOT面焊接一般采用波峰焊机进行波峰焊接，小型印制电路板在插装器件不多时常用手工焊接。

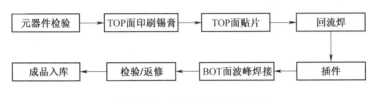

图5-23 单面混装工艺流程

2）双面混装工艺

双面混装工艺流程如图5-24所示，A面是贴片与插件混装，B面为全贴片。采用先A面贴片、焊接再A面插件，然后B面贴片、焊接，最后插件波峰焊接，整个流程中两次翻板。

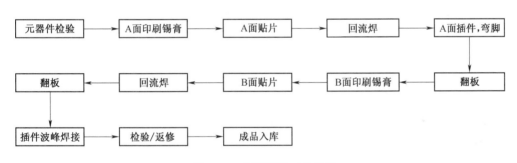

图5-24 双面混装工艺流程

2. 贴片元器件简介

1）贴片元器件分类

电子产品的高密度及小型化促进了SMC和SMD向微型化的进一步发展，贴片元器件种类从以前的阻容件、晶体管发展到现在已包括开关、继电器、滤波器等机电元件，常见的贴片元器件外形如图5-25所示。

图5-25 常见的贴片元器件外形

通常按功能分为无源器件、有源器件、机电元件三类：

（1）无源器件：包括电阻、电位器、电容、电感以及电阻网络、电容网络等复合器件。

（2）有源器件：包括二极管、三极管、晶体振荡器等分立器件以及集成电路等。

（3）机电元件：包括开关、继电器、连接器、微型电动机等。

片状电阻按其外形尺寸分为多个系列，常用米制或英制的长×宽来表示。如米制 2012（对应英制为 0805），意为该器件外形长 2.0 mm（0.08 英寸）、宽 1.25 mm（0.05 英寸）。常用片状电阻代码及主要参数表见表 5-8（代码栏带 * 号后为英制代码）。

表 5-8　常用片状电阻代码及主要参数

代码 参数	1608 * 0603	2012 * 0805	3216 * 1206	3225 * 1210	5205 * 2010	6332 * 2512
长×宽/mm	1.6×0.8	2.0×1.25	3.2×1.6	3.2×2.5	5.0×2.5	6.3×3.2
功率/W	1/16	1/10	1/8	1/4	1/2	1
电压/V	50	100	200	200	200	200

2）贴片元器件特点

贴片元器件之所以能得到广泛应用，是因为它相对 THT 器件具有以下优势：

（1）贴片元器件相邻电极间的间距比传统器件小很多，器件外形与质量都降低了数量级，从而减小了电子产品的体积和质量，提高了可靠性。

（2）SMT 器件直接贴装在印制电路板表面，引出脚焊接在元器件同一面的焊盘上而不需要通孔，元件面的另外一面无须焊盘，使印制电路板的布线密度大大提高。

（3）体积小、质量小，结构牢固，提高了电子产品的抗振性和可靠性。

（4）组装时无须引脚成型和剪脚等工序，更有利于标准化作业，提高了生产效率。

3）贴片阻容件的标识

贴片阻容件通常有 E12（误差为±10%）、E24（误差为±5%）、E96（误差为±1%）3 个精度系列。精度不同，在元件上标识的有效位数也不同，通常用 3 位或 4 位数字标识。采用 3 位数字标识时，跨接线用 000，阻值小于 10 Ω 时，在两个数字间加字母 R 代替小数点，如 5.6 Ω 标记为 5R6；阻值大于 10 Ω 时，第 3 位代表零的个数，如 100 Ω 标记为 101。

采用 4 位数字标识时，前面 3 位为有效数，第 4 位为零的个数。小于 10 Ω 时，在第 1 位数字后用字母 R 代替小数点，如 4.7 Ω 标记为 4R70；10 Ω 标记为 10R0；100 Ω 时在第 4 位补 0，标记为 1000，1 MΩ 标记为 1004。

3. 多路波形发生器的工作原理

采用 74HC4060 作为时钟源和分频器，从 Q_{14} 分频输出产生 256Hz 的方波信号，再经 74HC393 两级分频，从第二级的 Q_3、Q_2、Q_1、Q_0 分别取出 4 路方波（1 Hz，2 Hz，4 Hz，8 Hz），驱动 4 路 NPN 三极管点亮 4 个 LED。其电路原理图如图 5-26 所示。

三、实施条件

1. 仪表与设备

（1）台式回流焊机 1 台，锡膏搅拌机 1 台，300 g 锡膏 1 罐，锡膏稀释剂 1 瓶。

（2）手动丝印机 1 台，多路波形发生器专用钢网 1 块，小型自动贴片机 1 台。

（3）手动贴片控制器 1 台，配真空吸笔 1 支，放大台灯 1 台。

（4）数字示波器 1 台。

2. 工具

万用表 1 块，电烙铁 1 把。

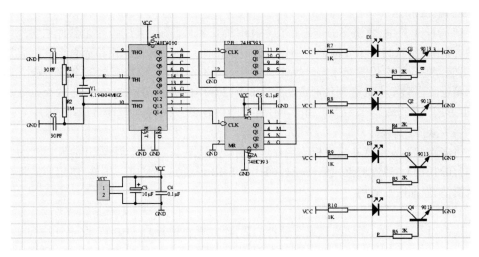

图 5-26　多路波形发生器电路原理图

3. 器件

多路波形发生器器件清单见表 5-9。

表 5-9　多路波形发生器器件清单

名　称	型号/规格	数　量	备　注
电阻	1 MΩ/0805	2个	
电阻	2 kΩ/0805	4个	
电阻	1 kΩ/0805	4个	
电容	30 pF/0603	2个	
电容	0.1 μF/0603	2个	
钽电容	10 μF/16 V	1个	
三极管	9013	4个	SOT-23
发光二极管	红色	4个	
晶体振荡器	4.194 304 MHz	1个	
集成电路	74HC4060	1个	SO-16
集成电路	74HC393D	1个	SO-14
电池盒	2节5号电池盒	1个	
印制电路板	50 mm×50 mm	1块	

四、步骤和方法

1. 元器件清点与检查

按表 5-9 的器件清单清点器件数量,辨认器件型号,用万用表判别发光二极管正负极以及三极管的极性。注意盘料与散料的区别,按实训安排,0805 和 0603 封装的采用盘料,其他采用散料。盘料由贴片机自动贴片,散料在锡膏印刷完毕后采用手工贴片,回流焊接后补焊电池盒。

2. 漏印锡膏

在 SMT 工艺中,焊锡膏的作用是在贴片时固定器件,在回流焊时固化器件并实现电气连接;焊锡膏质量的好坏直接影响到焊点的电气性能。焊锡膏通常用铅锡合金按一定工艺制成,储存时应用专用锡膏冰箱。焊锡膏使用前要充分搅拌,使用后的剩余部分应立即放入冰箱中。实验室小批量制作时,可用丝印台以漏印的方式印刷到 SMB 的贴片元件焊盘上,也可用锡膏分配器来手工点锡。本任务元器件较少,采用手工丝印台漏印锡膏。

1)安装专用模板

将多路波形发生器专用模板固定在丝印台(见图 5-27)的活动框架上,将 SMB 固定在丝印台的托板上,通过调整机座使模板网孔和 SMB 焊盘完全对应。注意,使用前应将模板擦拭清洁,保证网孔通畅。

2)丝印锡膏

用刮刀取适量的、经回温且充分搅拌的锡膏,左手将模板与 SMB 压紧,右手拿刮刀(刮刀与模板呈 45°角)从上往下刮下来,再揭开模板,锡膏就均匀分配在 SMB 对应的贴片器件焊盘上了。

3)检测丝印效果

在放大台灯下检测锡膏丝印效果,如发现锡膏不均匀或焊盘间锡膏塌陷造成短路,可以用无尘纸将 SMB 上的锡膏完全擦除,并清洗干净后再重新丝印。如发现仅仅有少量焊盘漏印,可以使用锡膏分配器(见图 5-28)进行局部弥补。

4)清洗丝印模板

焊锡膏有一定的黏性,丝印模板使用后要用酒精棉丝对模板上、下面同时擦拭,将网孔内壁擦拭干净,清除模板上残留的焊锡膏,否则会影响模板下次丝印效果(刮板等其他工具使用后同样需要清理)。

图 5-27　丝印台

图 5-28　锡膏分配器

3. 贴片

1)自动贴装盘料

实训用小型自动贴片机如图 5-29 所示。在自动贴装前需要安装料盘、编制贴装文件等准备过程,具体按以下步骤进行:

(1)安装料盘。

(2)从 PCB 设计文件中导出元件坐标信息,注意导出前要设定好坐标原点。

(3)在贴片机编辑软件中导入 PCB 中的元件坐标,并为每一个元件选择贴装取料的料栈号。注意选择的料栈号应该与安装料盘时的实际元件值一致。

(4)将上一步编辑好的贴片文件导入贴片机中。

(5)安装待贴 PCB 并启动贴片机开始贴装。注意安装 PCB 时,使步骤(2)中设置的软件坐标原点与贴片机的机器坐标原点保持一致。

2) 手工补贴散料

补贴散料可以采用真空贴片笔取元件和贴片,如图5-30所示,一般配有多种不同规格的吸盘,可适应不同大小的元件。其工作原理是通过气泵产生空气压强差,将贴片元器件从料带直接吸起,再人工将元器件放置于相应的焊盘上,真空贴片笔吸着力小于焊锡膏的黏着力,元器件就自动粘连在相应的焊盘上。

使用时,将两根气管接于真空贴片笔的前侧,选择合适的吸盘并安装于笔杆的头部,接通电源,用手指遮盖笔杆上的气孔,笔尖产生真空吸力拾取元件,小心挪动贴片笔并轻轻放在对应的焊膏上。松开遮盖气孔的手指,便减小真空吸力,元件被放下。

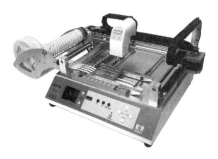

图5-29　小型自动贴片机

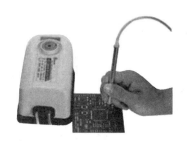

图5-30　真空贴片笔

4. 回流焊接

表面安装技术中,贴片元器件的焊接是通过回流焊完成的。实验室小批量制作时常用的小型回流焊机如图5-31所示。回流焊机内部采用强制热风与红外混合加热方式,实现绝对静止状态下的焊接,以保证非常轻的贴片元器件在焊接中不移位。

回流焊机使用前要根据待焊印制电路板的元件密度、所用焊锡膏的型号,预置温度工艺曲线。典型的回流焊温度工艺曲线如图5-32所示,图中首先在温度140~160 ℃间进行60~80 s的预热,再升温至210~230 ℃进行20~30 s的焊锡固化,最后进行冷却,完成整个回流焊过程。

使用时,首先设置回流焊温度曲线,再将已贴装好的电路板放入料箱并关好箱门,可以一次回流焊接多块电路板,但多个电路板在料箱内位置要摆放均匀,以使每块都得到均匀加热。设置完成后,按"焊接"键即自动按设定的温度工艺曲线依次完成预热、焊接和冷却,整个过程约4 min。

图5-31　小型回流焊机

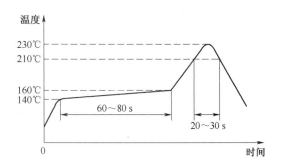

图5-32　典型的回流焊温度工艺曲线

5. SMT 焊接质量检验

经过以上 4 个步骤后,多路波形发生器印制电路板上的贴片元器件已经焊接完成,在进行插件器件安装前,应对已经焊接的贴片质量进行检验,并返修有质量问题的元器件和焊点。返修需要取下元器件时,先采用热风枪先熔化焊点,再用镊子夹住取下。

6. 调试及检测

(1)全部器件焊接完成后进行目测,检查元器件的型号、规格、极性与图样是否符合;检查焊点有无虚焊、漏焊、短路等现象,清除印制电路板上多余的锡渣。

(2)焊接电池盒连线,装上两节 7 号电池,目测 4 个发光二极管是否闪烁发光,最低频率的约 1 s 闪烁 1 次,另外 3 个的闪烁频率依次递增。

(3)用数字示波器测量晶体振荡波形以及 P、Q、R、S 这 4 个输出点的波形,并读出周期和频率。

五、思考与练习

(1)简述本任务中采用的 SMT 贴片工艺过程,以及各环节的注意事项。

(2)简述波形发生器的电路工作原理。

(3)总结实验中遇到的问题及解决方法。

任务 5.6　SMT 八路抢答器的制作

一、任务和目标

1. 基本任务

了解 SMT(表面安装技术)现状及其发展;掌握手工贴片设备性能和操作方法;实际制作一台采用全 SMC 元件的八路抢答器并进行测试。

2. 知识目标

(1)了解 SMT(表面安装技术)。

(2)理解八路抢答器的工作原理。

(3)掌握丝印、回流焊的相关知识。

3. 技能目标

(1)能识读 SMC、SMD 器件。

(2)会设置回流焊温度曲线并操作回流焊设备。

(3)能从 PCB 设计图导出元件坐标并转换成贴片文件。

二、相关知识

八路抢答器主要由编码电路、集锁存/译码/驱动电路于一体的 CD4511 集成电路、数码显示电路和报警电路组成。编码电路由 $D_1 \sim D_{12}$ 组成,实现抢答按键号的数字编码;报警电路由 555 集成电路接成多谐振荡器构成;CD4511 则完成锁存、十进制译码以及数码管驱动。八路抢答器电路原理图如图 5-33 所示。

报警电路由 555 集成电路构成多谐振荡器,其振荡电阻 R_{16} 的上拉电源由 $D_{15} \sim D_{18}$ 四只二极管构成或门电路提供,任何一路抢答按键按下时,R_{16} 得电并触发振荡器发出声响。

$S_1 \sim S_8$ 是 8 个抢答键,$D_1 \sim D_{12}$ 组成数字编码器,任一抢答按键按下,都须通过编码二极管编成 BCD 码,将高电平加到 CD4511 所对应的输入端。其中,CD4511 的 6,2,1,7 引脚分别为 BCD 码的 D,C,B,A(D 为高位,A 为低位,即 D,C,B,A 分别代表 BCD 码的 8,4,2,1 位)。当电路通电,主持人按下复位键 S_9 后,选手就可以开始抢答。如果此时 S_8 被按下,则高电平加到 CD4511 的 6 引脚,而 2,1,7 引脚保持低电平,此时 CD4511 输入 BCD 码 1000。如果按下 S_3 抢答键,高电平通过编码二极管 D_3、D_4 加到 CD4511 集成芯片的 1、7 引脚(B、A 位),1、7 引脚为高电平,2、6 引脚保持低电平,此时 CD4511 输入 BCD 码为"0011"。依此类推,按下第几号抢答按键,输入的 BCD 码就是抢答按键的号码并自动地由 CD4511 内部电路译码成十进制数在数码管上显示。

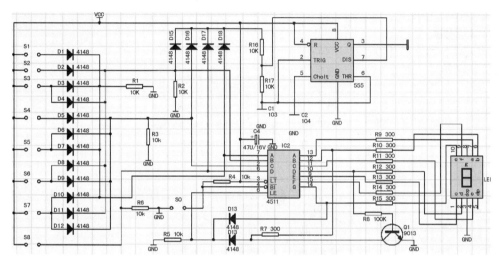

图 5-33 八路抢答器电路原理图

八路抢答器 PCB 为双面板,全部器件均为贴片器件,采用单面贴装工艺。PCB 装配图如图 5-34 所示。

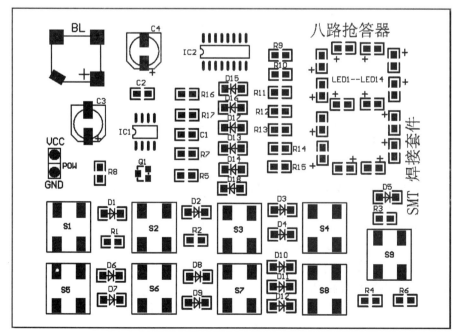

图 5-34 八路抢答器 PCB 装配图

三、实施条件

1. 仪表与设备

（1）台式回流焊机 1 台，锡膏搅拌机 1 台，300 g 锡膏 1 罐，锡膏稀释剂 1 瓶。

（2）手动丝印机 1 台，八路抢答器专用钢网 1 块。

（3）手动贴片控制器 1 台，配真空吸笔 1 支，放大台灯 1 台。

（4）数字示波器 1 台。

2. 工具

万用表 1 块，电烙铁 1 把

3. 器件

八路抢答器器件清单见表 5-10。

表 5-10　八路抢答器器件清单

名　称	型号/规格	数　量	备　注
电阻	300 Ω	8 个	
电阻	10 kΩ	8 个	
电阻	100 kΩ	1 个	
电容	30 pF/0603	2 个	
电容	0.01 μF	1 个	
电容	0.1 μF	1 个	
电解电容	47 μF/16 V	1 个	
电解电容	100 μF/16 V	1 个	
二极管	1N4148	18 个	
发光二极管	红色	14 个	
三极管	9013	1 个	
集成电路	4511	1 个	
集成电路	555	1 个	
按键	6×6×5	1 个	
双面印制电路板	50 mm×50 mm	1 块	

四、步骤和方法

八路抢答器的制作过程包含元器件清点、漏印锡膏、贴装器件、回流焊、焊接质量检验等步骤，每一步骤的方法及注意事项参见任务 5.5"SMT 多路波形发生器的制作"中的"步骤和方法"。

五、思考与练习

（1）简述从 PCB 设计文件中导出元件坐标并编辑成贴片文件的步骤和注意事项。

（2）简述八路抢答器的电路工作原理。

（3）总结实验中遇到的问题及解决方法。

本模块包含6个Multisim电路仿真任务,前3个任务属于模拟电子部分,后3个任务属于数字电子部分,每部分任务由简到繁、循序渐进。通过任务实施,熟练掌握仿真软件的使用,并加深对相关理论知识的理解。任务6.1"共射极放大电路仿真"验证三极管典型共射极放大电路的静态工作点和失真的关系;任务6.2"串联型稳压电源仿真"通过构建电源的整流、滤波和误差放大仿真电路,理解电路组成原理,熟悉电路波形和参数;任务6.3"低频功率放大器仿真"侧重于功率放大电路原理的理解以及万用表、波特仪、示波器的使用;任务6.4"逻辑门特性仿真"通过基本逻辑门电路特性参数的测量,掌握常用数字电路虚拟仪器的使用方法;任务6.5"数字计数器仿真"侧重计数器及其级联,仿真中涉及信号发生器、指示灯、数码显示器的使用;任务6.6"数字钟仿真"侧重时钟产生、不同进制的计数器、译码显示理论知识,仿真中涉及层次电路图的设计,通过本任务实施掌握较复杂的数字电路仿真调试的方法。

任务6.1 共射极放大电路仿真

一、任务和目标

1. 基本任务

通过计算机仿真软件,设置和调整共射极放大电路的静态工作点,观察饱和失真与截止失真,通过相关波形与参数测量,总结静态工作点设置与放大电路输出状态的关系。

2. 知识目标

(1)掌握共射极放大电路的静态工作点的设置与调整。

(2)理解静态工作点与放大电路波形失真的关系。

(3)理解饱和失真与截止失真的特点及产生原因。

3. 技能目标

(1)会调用元件和仪表并绘制仿真原理图。

(2)能使用虚拟元件进行电路的仿真调试。

(3)能使用测量探针、仿真信号源、虚拟示波器进行电量的仿真测量。

二、相关知识

图6-1是分压偏置式共射极放大电路原理图。三极管是放大电路的核心,当给放大电

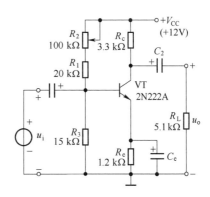

图6-1 分压偏置式共射极放大电路原理图

路中的三极管提供合适的直流偏置电压时,才能保证三极管工作在放大区;否则,输出波形会产生非线性失真——饱和失真或截止失真,而不能正常放大。合适的直流偏置电压工作状态也称为静态工作点,可以用基极电流 I_{BQ}、集电极电流 I_{CQ} 和集射极之间的电压 U_{CEQ} 表示。理想的 Q 点,应该处在放大区,并且当外加交流信号 u_i 到来时,i_B 与 u_{BE} 呈线性变化。

三、步骤和方法

1. 绘制原理图

(1)双击 Multisim 图标启动软件,进入仿真原理图设计环境。

(2)放置元器件。选择"放置"→"元件"命令,选取表 6-1 中元器件置于绘制区。

表 6-1　共射极放大电路元器件选取清单

序号	组	系列	元件	符号	参数
1	Source	SIGNAL_VOLTAGE_SOURCES	AC_VOLTAGE		5 mV/1 kHz 30 mV/1 kHz
2	Source	POWER_ SOURCES	VCC		12 V
3	Transistor	BJT-NPN	2N2222A		
4	Basic	CAP_ELECTROLIT	10μF—POL		
5	Basic	RESISTOR	20 kΩ 5%		15/3.3/1.2/5.1
6	Basic	POTENTIOMETER	100k—LIN		50%

根据仿真所需元器件清单,双击电源、信号源和电阻符号更改参数,如数值和频率。

由于电阻规格很多,所以选取电阻时,需要根据阻值倍率,选择"过滤"→kΩ。电位器 R_2 的阻值调整按键设置为【A】。

(3)绘制导线,连接器件和设备。

绘制导线方法:用鼠标拖动器件的一个端子,可绘制出红色(默认)的导线,在需要拐弯的位置单击,直至另一个需要连线的端子。绘制时,注意所有节点电位均是对 GND 而言的,所以必须要在电源元件列表中选取 GND,另外连线时注意电容的极性,不可倒置。绘制完成的共射极放大电路仿真电路图如图 6-2 所示。

2. 静态工作点的观测和调整

(1)在图 6-2 中添加 3 个"测量探针"(在"仪表设备"工具栏中选取)分别于 Q_1 的基极、集电极和发射极。

(2)断开信号源输出,将信号源和电容之间的连线删除。

（3）选择"仿真"→"运行"命令，开始仿真。

（4）按下键盘上【A】键增加（或【Shift+A】减小）调节电位器中心抽头比例为"50%"，观测测量探针中数据，如图6-3所示，将此时三极管各极电压、电流的直流值记录入表6-2的对应列中（即 R_2 电位器比例为50%所在列）。

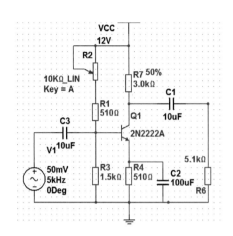 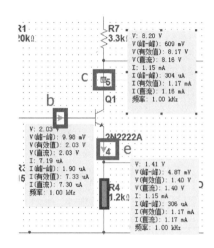

图6-2 共射放大电路仿真电路图　　　图6-3 用测量探针测试静态工作点

（5）按表6-2第一行所要求的 R_2 比例值进行调节，重复上述步骤，直至完成0%～100%各列的测量，每次测得数据记入表6-2相应列中。

（6）根据测得数据，计算 $R_3/(R_1+R_2+R_3)$，直流电流放大倍数 β，集射极之间的电压 U_{CE}。

表6-2 改变分置电路分压比调整静态工作点

R_2 电位器比例	0%	5%	10%	20%	30%	50%	90%	100%
R_2 电位器阻值/kΩ	0	5	10	20	30	50	90	100
$R_3/(R_1+R_2+R_3)$								
基极电压 U_B/V								
基极电流 I_B/μA								
集电极电流 I_C/mA								
直流电流放大倍数 β								
集电极电压 U_C/mV								
发射极电压 U_E/mV								
集射极之间的电压 U_{CE}/mV								

3. 观测失真波形

（1）重新连接信号源与电容间连线，调节信号源，输出为5 mV/1 kHz正弦波。

（2）选择"仿真"→"仪器"命令，调用"泰克示波器"和"失真分析"，并放置在合适位置，连接信号源于示波器通道1，连接负载输出于示波器通道2，失真分析仪也接至负载输出，如图6-4所示。

（3）选择"仿真"→"运行"命令，双击示波器图标，出现如图6-5所示仪表界面，分别按下"电源开关"和"自动刻度设置"两个按钮,启动示波器仿真。

(4)调整 R_2 阻值为50%(默认值),此时示波器上的输入/输出电压波形如图6-6所示。

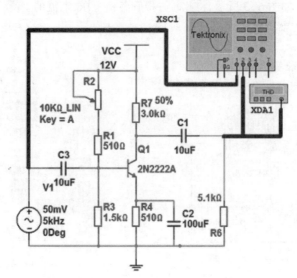

图6-4 输入、输出信号连接示波器

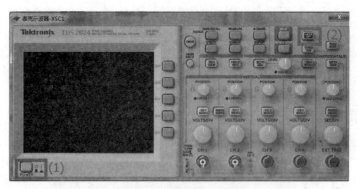

图6-5 泰克示波器

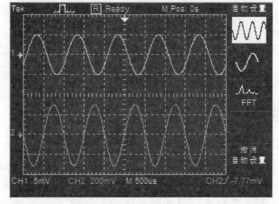

图6-6 R_2 在50%时示波器上的输入/输出电压波形

(5)按以下步骤,测量输出电压峰-峰值:

①选择 MEASURE(测量)按钮。

②在"源"选项中多次单击,直至出现"CH2"(通道 2),即为负载输出端。

③在"类型"选项中多次单击,直至出现"峰-峰",此时第三行已出现测试结果。

④按下"返回"按钮。

⑤可重复上面的②~④步以选择更多测量参数。

(6)单击"失真分析"图标,设置基频与信号源频率相同,即 1 kHz。此时失真度仪的总谐波失真窗口显示的百分数即为输出信号的失真度,如图 6-7 中的 2.643% 即为失真度。当失真度小于 10% 时,通常认为放大正常。

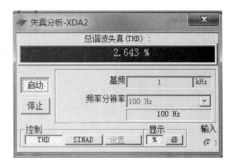

图 6-7 失真分析

(7)按表 6-3 的要求,分别将输入信号设置为 10 mV 和 30 mV,调节 R_2 的比例以改变直流工作点。在表 6-3 中记录各种组合下的输出电压值、总谐波失真值以及是否出现波形失真,判断失真类型属于饱和失真还是截止失真。图 6-8 为饱和失真波形,图 6-9 为截止失真波形。

表6-3 静态工作点对动态输出的影响

R_2电位器比例		0%	5%	10%	20%	30%	50%	90%	100%
输入信号源电压 10 mV	输出电压/mV								
	失真/%								
	是否失真/失真类型								
输入信号源电压 30 mV	输出电压/mV								
	失真/%								
	是否失真/失真类型								

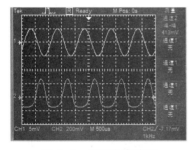

图 6-8 饱和失真波形

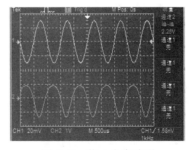

图 6-9 截止失真波形

四、思考与练习

(1)影响静态工作点稳定的因素是什么?

(2)截止失真和饱和失真分别出现在输入回路还是输出回路?

(3)三极管由 NPN 型换成 PNP 型,输出电压的饱和失真和截止失真的波形一样吗?

任务 6.2　串联型稳压电源仿真

一、任务和目标

1. 基本任务

通过计算机仿真软件,观察串联型稳压电源的整流、滤波、稳压各单元的输出波形以及它们之间的电压关系,测量稳压电源的电压调整范围和电流调整范围。

2. 知识目标

(1)掌握串联型稳压电源的组成。

(2)理解整流、滤波、稳压的工作原理。

(3)理解稳压电源电压调整率、电流调整率的含义。

3. 技能目标

(1)进一步熟练绘制仿真原理图。

(2)掌握安捷伦万用表、虚拟示波器的使用。

(3)学会示波器上多路波形的比较测量。

二、相关知识

串联型直流稳压电源由电源变压器、整流电路、滤波电路和稳压电路 4 个单元组成,组成框图及各单元电压波形如图 6-10 所示。

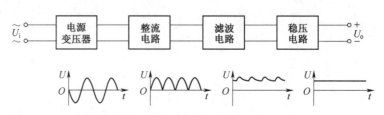

图 6-10　串联型直流稳压电源组成框图

电源变压器利用电磁感应原理,将输入的有效值为 220 V,频率为 50 Hz 的电网工频电压转换为所需的交流低电压。整流电路的作用是将正、负双相交流电压变成单相脉动直流电压,再经过滤波电路滤去纹波,输出比较平滑的直流电压。

稳压电路一般有 4 个环节:电压调整环节、基准电压、比较放大电路和采样电路。当电网电压或负载变动引起输出电压变化时,采样电路将输出电压的一部分馈送回比较放大电路与基准电压进行比较,产生的误差电压经放大后去控制调整管的基极电流,自动地改变调整管的集射极之间的电压,补偿输出电压的变化,从而维持输出电压基本不变。图 6-11 为带放大电路的串联型稳压电路组成框图。

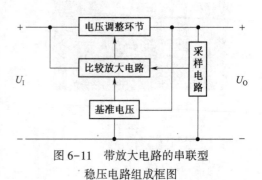

图 6-11　带放大电路的串联型
稳压电路组成框图

三、步骤和方法

1. 整流滤波电路仿真

1）绘制整流滤波电路仿真原理图

打开 Multisim 软件,绘制图 6-12 所示整流滤波电路仿真原理图,图中元器件按表 6-4 所示选取。

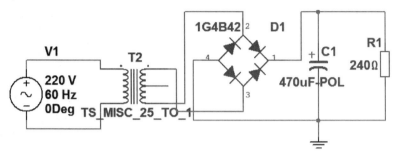

图 6-12　整流滤波电路仿真原理图

表 6-4　整流滤波电路仿真器件清单

名称	描述	参考标识	数量
电阻	RESISTOR,240Ohm_5%	R1	1
整流桥	FWB,1G4B42	D1	1
变压器	TRANSFORMER,TS_MISC_25_TO_1	T2	1
电解电容	CAP_ELECTROLIT,470uF-POL	C1	1

2）仿真测试

（1）整流电路的仿真测量。取 $R_L = 240\ \Omega$,不加滤波电容,将示波器的 3 个通道分别接至变压器输出的两端和负载端,观察波形;将负载端和地分别连至安捷伦万用表电压测量红黑端子,切换万用表直流测量 DC V 和 AC C 按键,分别记录输出的直流电压和交流电压（纹波）于表 6-5 中。安捷伦万用表测量电压如图 6-13 所示。

（2）整流滤波电路的仿真测量。取 $R_L = 240\ \Omega$,加上滤波电容且取值为 470 μF ,重复步骤（1）的要求,将测量数据记入表 6-5 中。

（3）整流滤波电路在负载变化时的仿真测量。取 $R_L = 120\ \Omega,C = 470\ \mu F$,重复步骤（1）的要求,将测量结果记入表 6-5 中。

（4）比较表 6-5 中 $R_L = 120\ \Omega$ 和 $R_L = 240\ \Omega$ 时输出电压直流值以及纹波电压值的变化情况,并分析原因。

表 6-5　整流滤波电路仿真测量

电路形式与参数	U_L/V	U_L/mV 纹波	u_L 波形
$R_L = 240\ \Omega$			

电路形式与参数	U_L/V	U_L/mV 纹波	u_L波形
$R_L = 240\ \Omega$ $C = 470\ \mu F$			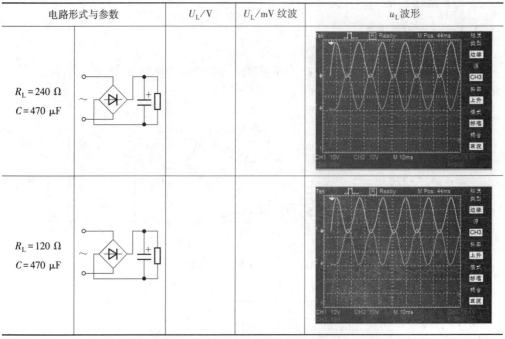
$R_L = 120\ \Omega$ $C = 470\ \mu F$			

图 6-13　安捷伦万用表测量电压

2. 具有放大环节的串联型晶体稳压电路的仿真测试

1）绘制串联型晶体管稳压电路仿真原理图

绘制图 6-14 所示的串联型晶体管稳压电路仿真原理图，图中元器件按表 6-6 选取。

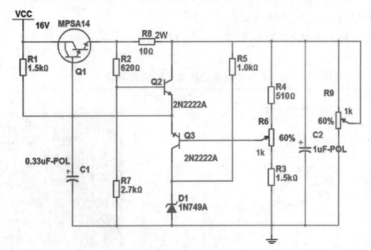

图 6-14　串联型晶体管稳压电路仿真原理图

表6-6 串联型晶体管稳压电路仿真器件清单

名 称	描 述	参考标识	数 量
电位器	1K_LIN,1K_LIN	R9,R6	2
电阻	RESISTOR,1.5kOhm_5%	R3,R1	2
电阻	RESISTOR,510Ohm_5%	R4	1
电阻	RESISTOR,1.0kOhm_5%	R5	1
电阻	RESISTOR,2.7kOhm_5%	R7	1
电阻	RESISTOR,10Ohm_5%	R8	1
电阻	RESISTOR,620Ohm_5%	R2	1
电解电容	CAP_ELECTROLIT,1uF-POL	C2	1
达林顿复合管	DARLINGTON_NPN,MPSA14	Q1	1
电解电容	CAP_ELECTROLIT,0.33uF-POL	C1	1
稳压管	ZENER,1N749A	D1	1
晶体管	BJT_NPN,2N2222A	Q3,Q2	2

2）仿真测量

（1）电压调整范围的测量。接入负载 R_9，并调节 R_6，使输出 10 V 左右，若不满足要求，可适当调整 R_3、R_4 之值。记录 R_6 从 0% ~ 100% 变化过程中，R_9 两端电压 U_L 的变化，将测量结果记入表6-7中。

表6-7 电源电压调整范围

电阻 R_6	0%	20%	50%	70%	100%
U_L/V					
电压变化范围	$U_L = U_{Lmax} - U_{Lmin} = _____$ V				

（2）电流调整范围的测量。固定 R_6 至 50%，调节负载 R_9 从 5% ~ 95% 变化范围过程中，记录 R_9 上负载电流变化，将测量结果记入表6-8中。

表6-8 电源电流调整范围

电阻 R_9	5%	20%	50%	70%	95%
I_L/V					
电流变化范围	$I_L = I_{Lmax} - I_{Lmin} = _____$ mA				

四、思考与练习

（1）桥式整流、电容滤波电路中，电容添加前后波形是如何变化的？

（2）当电网电压变化时，电路如何稳压？

（3）为什么调整 R_6，可以调整稳压电路输出的直流电压值？

任务 6.3 低频功率放大器仿真

一、任务和目标

1. 基本任务

通过计算机仿真软件,构建由运算放大器组成的前置放大电路和有源滤波电路以及互补对称 OTL 功率放大电路;测量有源滤波电路的幅频特性以及整个功率放大器的频率响应。

2. 知识目标

(1)掌握运算放大器作为前置放大、有源滤波的工作原理。

(2)掌握低频功率放大器的组成及工作原理。

(3)理解幅频特性、相频特性的含义及其对电路性能的影响。

3. 技能目标

(1)能绘制较复杂的仿真原理图。

(2)能使用波特仪进行频域测量;能使用虚拟示波器进行时域测量。

(3)能读懂幅频特性、相频特性的含义。

二、相关知识

1. 低频功率放大器电路基本组成

低频功率放大器是一种能量转换电路,在输入信号的作用下,电路把直流电源的能量,通过前置放大级、有源带通滤波器和功率放大器等电路转换成随输入信号变化的输出功率送给负载。该放大器的组成框图如图 6-15 所示。

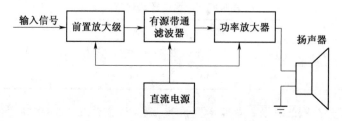

图 6-15 低频功率放大器组成框图

由于输入的信号通常幅度只有 10 mV 左右,比较微弱,因此需要经过多级放大才能激励后面的功率放大电路达到放大功率的目的。为满足要求,加上前置放大电路对输入信号初步放大。从前置放大器出来经过放大的信号通过有源滤波电路滤除一些高频干扰和无用的低频信号,再用功率放大电路对已预处理的信号进一步放大达到输出功率要求,以驱动负载。

2. 低频功率放大器的工作原理

低频功率放大器电路原理图如图 6-16 所示。

由信号发生器产生的小信号首先经由 LM324 集成运放组成的两级前置放大电路进行放大,即图中的 U1A、U1B 两级;前置放大后的信号经过由 U1C、U1D 组成的二阶有源滤波电路处理,滤去杂波后将信号送至功率放大器放大以驱动负载。

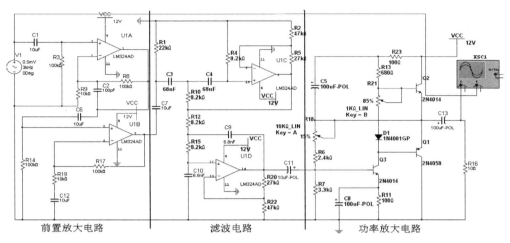

图 6-16　低频功率放大器电路原理图

三、步骤和方法

首先分模块进行仿真调试,再进行联调。

1. 前置放大电路仿真

创建前置放大电路文档,并在 Multisim 的工作窗口搭建如图 6-17 所示的前置放大电路。

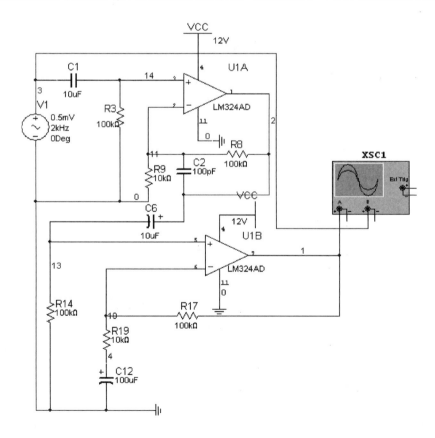

图 6-17　前置放大电路

利用交流电源模拟有效值为 0.5 mV,频率为 1 kHz 的微弱信号,经两级放大后通过 U1B 的输出端 7 引脚输出,利用示波器可以同时观测输入信号和输出信号的波形,测量并记录输出信号和输入信号的幅值,计算出电压放大倍数。

2. 滤波电路仿真

创建滤波电路文档,并在 Multisim 的工作窗口搭建如图 6-18 所示的电路。利用函数信号发生器产生频率为 1 kHz,幅值为 10 mV 的正弦信号,利用示波器观测滤波电路的输出信号。由于滤波电路承担的是滤除高频杂波的功能,需要用波特仪对滤波电路进行通频带的测量。将波特仪连接到电路中,调整波特仪中频率扫描范围设置为 1 Hz~50 kHz,分贝范围设置为-20~100 dB,启动仿真,观测如图 6-19 所示的幅频特性曲线,可以从中测量出滤波电路的通频带。

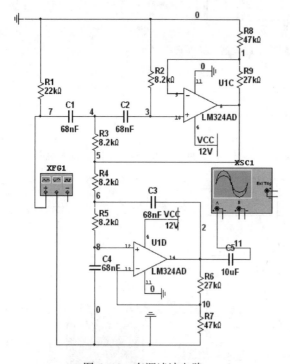

图 6-18　有源滤波电路

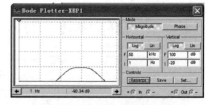

图 6-19　幅频特性曲线的测量

3. 功率放大电路仿真

创建功率放大电路文档,在 Multisim 的工作窗口搭建如图 6-20 所示的电路。

调整函数信号发生器使其输出频率为 2 kHz,幅度为 10 mV 的正弦信号。调整电位器 R_1 和 R_2,用示波器观测负载端的信号波形。按【Shift+A】键调整 R_1 接入电路的电阻,使得显示的比例为 15%。按【B】键调整 R_2 接入电路的电阻,使其显示的比例为 15%,调整完毕后启动仿真,在示波器上观察输出波形并读出其幅值,该值除以 10 mV 即为功率放大器的电压放大倍数。

4. 整体电路仿真调试

创建低频功率放大器文档,将各个分电路复制到工作窗口,连接好对应的输入/输出信号端口,利用 TOOL 工具栏中的 RENUMBER 工具对元件重新进行编号,得到如图 6-16 所示的整体电路(元件编号不一致的问题可以忽视)。利用示波器同时显示输入信号和输出信号波形如图 6-21 所示,从中可以测量出整个低频功率放大器的电压放大倍数以及信号的相位变化。利用波特仪观测整体电路的幅频响应特性,相关测量参数设置如图 6-22 所示。

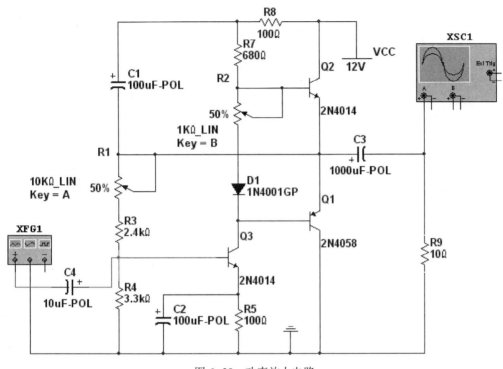

图 6-20 功率放大电路

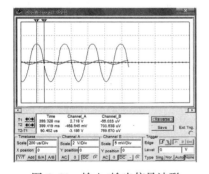

图 6-21 输入/输出信号波形

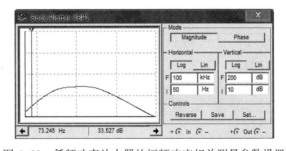

图 6-22 低频功率放大器的幅频响应相关测量参数设置

四、思考与练习

(1)简述低频功率放大器的组成框图及工作原理。

(2)利用示波器、波特仪等仪表测量计算出各个功能模块的性能,如放大倍数及通频带等。

(3)调整整体电路中的 R_{21}、R_{18},观察输出信号波形,并分析出现失真的具体原因。

任务6.4　逻辑门特性仿真

一、任务和目标

1. 基本任务

通过计算机仿真软件,测量与门、与非门、或非门的输入/输出电平关系及其波形。

2. 知识目标

掌握与门、与非门、或非门的输入/输出关系。

3. 技能目标

(1)会使用数字电路仿真仪器中的指示灯、字信号发生器、逻辑分析仪。

(2)能对基本逻辑门的波形进行分析。

二、相关知识

与门(AND)又称逻辑乘,其逻辑表达式为$Y=A \cdot B$,其特点是"逻辑变量A、B中有一个为0,结果为0;A、B都为1,结果才为1"。

与非门(NAND)又称逻辑加,其逻辑表达式为$Y = \overline{A \cdot B}$,其特点是"逻辑变量A、B中有一个为0,结果为1;A、B都为1,结果才为0"。

或非门(NOR)的逻辑表达式为$Y = \overline{A + B}$,其特点是"逻辑变量A、B中有一个为1,结果为0;A、B都为0,结果才为1"。

三、步骤和方法

1. 测试基本逻辑门的功能

搭建如图6-23所示的与门逻辑功能测试电路,打开仿真开关,通过调整双掷开关J_1、J_2,观察指示灯X_1,完成与门真值表,见表6-9。

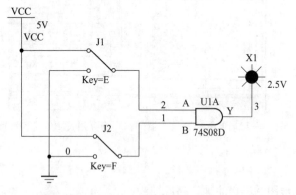

图6-23　与门逻辑功能测试电路

表6-9　与门真值表

输　入		输　出
A	B	Y
0	0	
0	1	
1	0	
1	1	

2. 用逻辑分析仪测试基本逻辑门电路的输入/输出波形

搭建如图6-24所示的与门时间波形测试电路,双击字信号发生器,弹出图6-25所示的设置表,单击Set键,弹出图6-26所示对话框,按照图6-26设置Buffer Size(缓冲区大小),单击 Accept 按钮返回图 6-25 所示对话框。按照图 6-25 中所示,设置对话框右边的信号。开启仿真按钮,双击逻辑分析仪图标,观察分析逻辑分析仪所显示的波形,如图 6-27 所示。

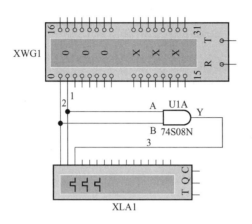

图 6-24　与门时间波形测试电路

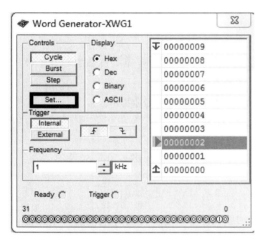

图 6-25　字信号发生器设置

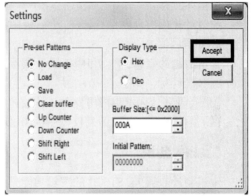

图 6-26　与门输入/输出端时间波形图

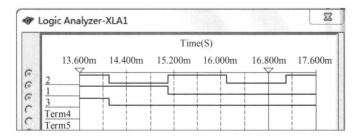

图 6-27　逻辑分析仪所显示的波形

　　与非门可选用 74S00D,或非门可选用 74S02D,所对应的测试逻辑功能电路以及测试时间波形电路分别在图 6-23 以及图 6-24 中替换掉 74S08D 以及 74S08N 即可。要求根据实验结果填写表 6-10、表 6-11,并在实验报告中画出与非门以及或非门的时间波形图。

表 6-10 与非门真值表		
输 入		输 出
A	B	Y
0	0	
0	1	
1	0	
1	1	

表 6-11 或非门真值表		
输 入		输 出
A	B	Y
0	0	
0	1	
1	0	
1	1	

四、思考与练习

(1)根据仿真实验数据,画出基本逻辑门电路的时间波形图。

(2)整理仿真测量结果,总结、归纳基本逻辑门电路的功能。

(3)总结字信号发生器的设置方法。

任务 6.5 数字计数器仿真

一、任务和目标

1. 基本任务

通过计算机仿真软件,搭建二十三进制计数器电路,并用数码管显示计数器输出。

2. 知识目标

理解数制的概念,学会利用集成计数器 74LS160D 组建任意进制电路。

3. 技能目标

(1)会设置计数器集成电路的工作模式;会进行计数器级联。

(2)会使用数字电路仿真仪器中的 DCD 数码管、方波信号发生器。

二、相关知识

十进制计数器 74LS160D 的逻辑功能见表 6-12。由表 6-12 可知,计数器有 5 个工作模式,分别为清零模式、置数模式、加 1 计数模式以及 2 个保持模式。

表 6-12 十进制计数器 74LS160D 的逻辑功能

CLR	LD	ENP	ENT	CLK	D_0	D_1	D_2	D_3	Q_0^{n+1}	Q_1^{n+1}	Q_2^{n+1}	Q_3^{n+1}
0	×	×	×	×	×	×	×	×	0	0	0	0
1	0	×	×	↑	d_0	d_1	d_2	d_3	d_0	d_1	d_2	d_3
1	1	1	1	↑	×	×	×	×	加 1 计数			
1	1	0	×	×	×	×	×	×	保持			
1	1	×	0	×	×	×	×	×	保持			

仿真电路如图 6-28 所示,分为三大模块:计数模块、显示模块、测试模块。其中,计数模块由信号源、2 个 74LS160D 以及 1 个与非门 74LS00 搭建一个进制为二十三的计数器;显示模块由 2 个七段数码管组成;测试模块由 2 个指示灯构成。

计数模块中,个位计数器 CLR、ENP 和 ENT 端都接高电平;十位计数器 CLR 端接高电平,ENP 和 ENT 端都接个位计数器的进位端 RCO。两个计数器的 Q_B 端连接与非门 74LS00 的输入端,其输出端接两个计数器的 LOAD 端。两个计数器的计数脉冲输入端 CLK 都外接频率为 100 Hz、幅值为 5 V 的方波信号源。所有计数器的数据输入端都接地。

当电路开始启动时,两个计数器的 Q_B 端以及进位端 RCO 都为低电平,与非门 74LS00 输出为高电平。由 74LS160D 的逻辑功能表可知,个位计数器工作在加 1 计数模式,十位计数器处于保持模式。当个位计数器出现 9 时,其进位端 RCO 为高电平,十位计数器的 ENP 和 ENT 端也为高电平,十位计数器由保持模式转为加 1 计数模式。当下一个计数脉冲到来时,个位计数器由 9 变 0,同时十位计数器跟着翻转,完成个位向十位的进位计数。当个位计数器由 0 开始计数时,其 RCO 变为低电平,十位计数器又处于保持模式,直到个位计数器再次出现 9 才转入加 1 计数模式。当两个计数器的 Q_B 端都为高电平也即出现数据 22 时,与非门 74LS00 输出变为低电平,两个计数器的 LOAD 端为低电平,计数器进入同步置数模式,下一个计数脉冲到来,计数器全部置零,从而实现二十三进制计数。

三、步骤与方法

搭建如图 6-28 所示的二十三进制计数器电路。双击信号源,出现如图 6-29 所示信号源参数设置对话框,将信号频率设置为 100 Hz,幅值设置为 5 V。

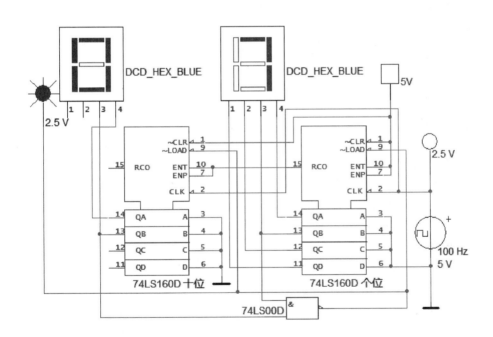

图 6-28　二十三进制计数器电路

搭建电路时先搭建计数模块。注意个位计数器和十位计数器控制端口的连接有区别。在搭建显示模块时注意十位显示数码管只接 3、4 引脚。

最后接指示灯,搭建完电路后打开仿真开关,观察七段数码管显示的数据,并根据观察结果画出个位计数器以及十位计数器的工作波形。电路仿真如有问题,应根据数码管显示的情况检查与之对应的计数器控制端口连接是否正确。

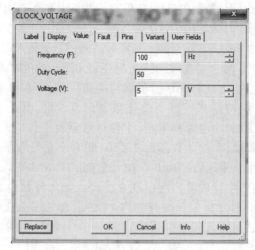

图 6-29　信号源参数设置对话框

四、思考与练习

(1)对二十三进制计数器电路原理图进行深入分析。

(2)根据仿真结果,总结十进制计数器 74LS160D 的功能。

任务 6.6　数字钟仿真

一、任务和目标

1. 基本任务

通过计算机仿真软件,用层次电路设计的方法,搭建数字钟电路并进行仿真。

2. 知识目标

(1)熟悉数字钟的组成,掌握秒脉冲发生器、分频器、计数器的工作原理。

(2)掌握集成计数器 74LS160N、计数器 74LS290N、可逆计数器 74LS192N、定时器 LMC555、与非门 74LS00N、蜂鸣器以及 BCD 数码管的功能与应用。

3. 技能目标

(1)能采用层次电路设计的方法,构建较复杂的仿真原理图。

(2)学会从单元电路仿真到总电路仿真的复杂电路仿真方法。

二、相关知识

1. 数字钟电路基本组成

数字钟由脉冲电路、分频器、计时器、显示器、报时电路等组成。其中,脉冲电路和分频器组成标准秒信号发生器,直接决定计时系统的精度。由不同进制的计数器和显示器组成计时系统。将标准秒信号送入采用六十进制的"秒计时器",每累计 60 s 就发出一个"分脉冲"信号,该信号将作为"分计时器"的时钟脉冲。"分计时器"也采用六十进制计数器,每累计 60 min,发出一个"时脉冲"信号,该信号将被送到"时计时器"。"时计时器"采用二十四或十二进制计数器,可实现对一天 24 h 或 12 h 的累计。上述六十进制计数器以及二十四或十二进制计数器的输出都直接与 BCD 显示器输入端相连,结果以十进制数字显示出来。本电路可进行整点报时,计时出现误差时,可以用校时电路校时、校分。数字钟的原理框图如图 6-30 所示。

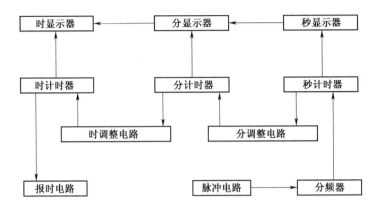

图 6-30　数字钟的原理框图

本任务电路设计原理简单、思路明确、操作简便、结果直观、便于观察。

2. 数字钟的功能

根据仿真电路的设计要求,该电路应满足以下功能:

(1)具有时、分、秒的十进制数字显示的计时器。

(2)具有校时、校分的功能。

(3)通过开关能实现小时的十二进制和二十四进制转换。

(4)具有整点报时的功能,应该是每个整点完成相应点数的报时。

三、步骤和方法

本任务因电路较为复杂,故采用层次电路设计方式完成电路设计与仿真。

1. 子电路绘制

打开 Multisim,新建电路仿真原理图,选择 Place→New Subcircuit 命令,如图 6-31 所示,弹出如图 6-32 所示对话框,在文本框中填写将要搭建的子电路名称,单击 OK 按钮,在电路图输入框中放置一个方形的子电路模块,软件界面如图 6-33 所示。

图 6-31　子电路设置路径

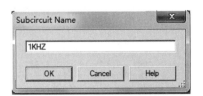

图 6-32　设置子电路名称

单击图 6-33 中黑框所对应的子电路,会弹出子电路原理图编辑框,在框中搭建如图 6-34 所示的脉冲电路原理图。

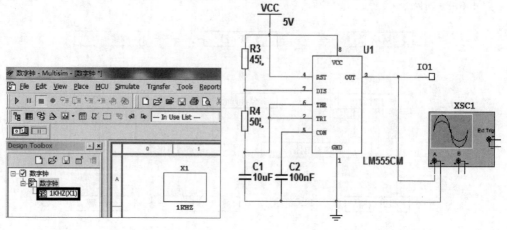

图 6-33　设置层次电路　　　　　　　　　　图 6-34　脉冲电路原理图

依照脉冲电路设计步骤,依次搭建图 6-35~图 6-38 所示电路。

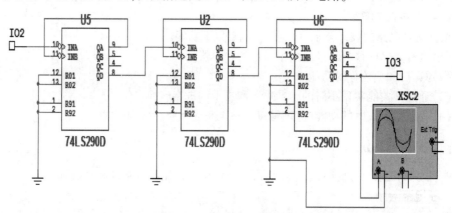

图 6-35　分频电路原理图

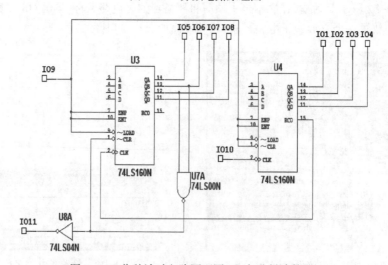

图 6-36　分秒计时电路原理图(六十进制计数器)

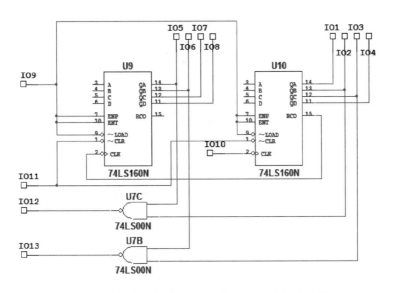

图 6-37　时计时电路原理图(二十四/十二进制计数器)

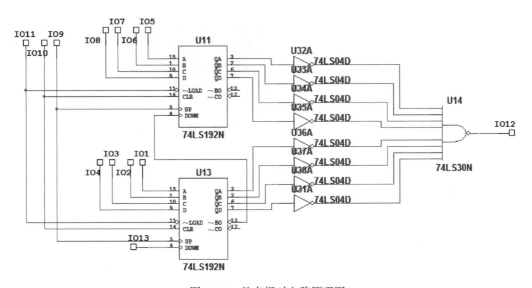

图 6-38　整点报时电路原理图

2. 顶层电路绘制

完成电路所用全部子电路搭建后,在顶层电路原理图中可以看到子电路模块的引脚位置不尽合理,需要调整。光标指向所要调整子电路模块,右击,弹出如图 6-39 所示下拉菜单,选择 Edit Symbol/Title Block 命令,弹出子电路模块引脚调整界面,按需要调整引脚位置即可。

为使电路简洁明了,部分电路采用总线连接方式。图 6-40 是利用总线方式连接的时显示电路放大图,分秒显示电路连接方式与时显示电路类似。

完成上述任务后,在顶层电路原理图设计框中,按图 6-41 搭建数字钟整体电路。电路中,可通过按键 J_1 控制时计时是十二进制还是二十四进制计时,按键 J_2 可实现时校准,按键

J_3可实现分校准。

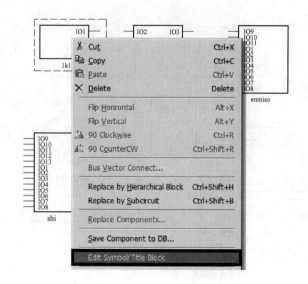

图 6-39　子模块引脚调整

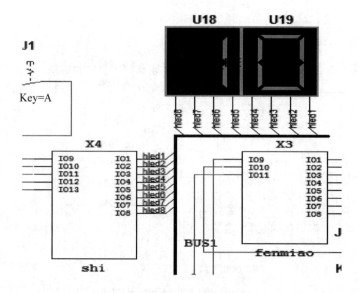

图 6-40　时显示电路放大图

3. 电路仿真

层次电路仿真应注意以下事项：

（1）按层次电路设计方法，每个子电路模块都应调试正确。

（2）整体电路调试时应从数字钟的基本计时功能调试起，调试整点报时等功能时可先利用调节按键将时间预先设置为整点前 1 min，以便快速调试。

四、思考与练习

（1）对时、分、秒等时间计时原理进行深入理解。

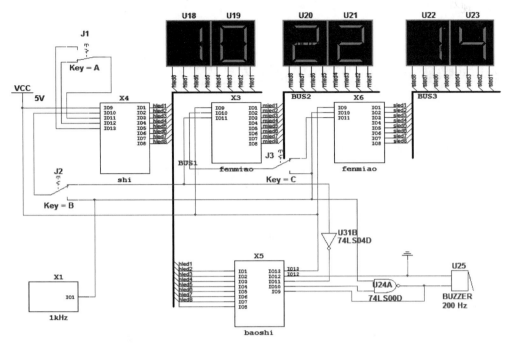

图 6-41 数字钟整体电路

（2）总结层次电路仿真调试的过程。

（3）如果要手动按键实现时分校时,电路应如何进行调整?

图形符号对照表见表 A-1。

表 A-1　图形符号对照表

序号	名称	国家标准的画法	软件中的画法
1	二极管		
2	发光二极管		
3	稳压管		
4	按钮开关		
5	三极管		
6	电位器		
7	电阻		
8	电解电容		
9	与非门		
10	与门		
11	非门		

续表

序号	名称	国家标准的画法	软件中的画法
12	接地		
13	电压源		
14	变压器		

参 考 文 献

[1] 周福平. 电子技能实验与实训教程[M]. 北京:科学出版社,2011.

[2] 陈祖新. 电工电子应用技术[M]. 北京:电子工业出版社,2014.

[3] 付植桐. 电子技术[M]. 北京:高等教育出版社,2016.

[4] 张新喜. Multisim 14 电子系统仿真与设计[M]. 北京:机械工业出版社,2017.

[5] 赵洪亮. 电子工艺与实训教程[M]. 山东:中国石油大学出版社,2010.

[6] 蔡大山、朱小详. PCB 制图与电路仿真[M]. 北京:电子工业出版社,2010.

[7] 王成安. 电子产品生产工艺实例教程[M]. 北京:人民邮电出版社,2009.

[8] 张继彬. 电工电子实验与实训[M]. 北京:机械工业出版社,2006.